突 破 认 知 的 边 界

想得美是一种超能力

[日]午堂登纪雄 著
佟凡 译

人生不烦恼的方法

中国画报出版社·北京

图书在版编目（CIP）数据

想得美是一种超能力：人生不烦恼的方法 / （日）午堂登纪雄著；佟凡译. -- 北京：中国画报出版社，2024.12. -- ISBN 978-7-5146-2460-1

Ⅰ. B84-49

中国国家版本馆 CIP 数据核字第 202443C8A6 号

MAEMUKI NI NAYAMU CHIKARA by Tokio Godo
Copyright © Tokio Godo 2020
All rights reserved.
Original Japanese edition published by Nippon Jitsugyo Publishing Co., Ltd., Tokyo.

This Simplified Chinese language edition published by arrangement with Nippon Jitsugyo Publishing Co., Ltd., Tokyo in care of Tuttle-Mori Agency, Inc., Tokyo through Inbooker Cultural Development (Beijing) Co., Ltd., Beijing.

北京市版权局著作权合同登记号：图字 01-2024-3738

想得美是一种超能力：人生不烦恼的方法
[日] 午堂登纪雄　著　　佟凡　译

出 版 人：方允仲
责任编辑：吴　凡
责任印制：焦　洋

出版发行：中国画报出版社
地　　址：中国北京市海淀区车公庄西路33号
邮　　编：100048
发 行 部：010-88417418　010-68414683（传真）
总编室兼传真：010-88417359　版权部：010-88417359

开　　本：32开（880mm×1230mm）
印　　张：8
字　　数：110千字
版　　次：2024年12月第1版　2024年12月第1次印刷
印　　刷：河北朗祥印刷有限公司
书　　号：ISBN 978-7-5146-2460-1
定　　价：49.80元

只顾着让自己烦恼的事
并不会让内心变得强大

　　尽管在开头说这种话有些过意不去，可我还是想说我的确没有烦恼，感觉不到社会的闭塞感和生活的困难。对我来说，人生可以轻易取胜，未来无限光明，每天都开心得不得了，这是一个多么美好的时代啊！虽说如此，我也不是从出生开始就一直没有烦恼，也是和普通人一样有过烦恼。如果让我回忆过去的烦恼……

　　·上初中时，脸上全是粉刺，很难为情。

　　·在中学时，担任排球社的社长，不知道如何才能让队员们认真训练。

　　·对未来的选择和父亲的意见不同，两人各执己见，在高中毕业后甚至离家出走过。

　　·曾经有过自暴自弃的时期，因为交往过的女性中，有5个人选择和我分手。

- 大学时觉得学习无聊，不想去上课，结果差点被开除。
- 考日本的注册会计师（CPA），结果在考试前退缩。
- 大学毕业后没有找到工作，做了半年的自由职业者。
- 在第一家公司受到了职场霸凌，差点得了抑郁症。最终主动离职，和被开除没什么区别。
- 有过职场上人际关系（与晚辈、领导）恶化的情况。
- 曾经协议离婚。
- 做过被告，也做过原告。
- 创立的公司中有3家因为业绩不好或者董事会成员之间的纠纷而停业。
- 遇到过员工集体离职事件，为缺乏作为管理者的能力而感到羞耻。
- 经营的公司资金周转不良，做好了停业的准备。
- 被信任的下属背叛，公司夭折。
- 和股东之间因为经营方针不同而产生纠纷。
- 再婚后出生的孩子有发育障碍。

我经历过很多一般人都会觉得相当糟糕的事情，直到很久之后，在接近四十不惑的年龄，我才达到了本篇开头所提到的境界。

现在，面对日常生活中大多数的事情和状况，我都会认为它们根本算不上烦恼，或者感觉不到这是烦恼。

我想过为什么现在的我没有烦恼。

确实有知识、经验和经济实力方面的原因，不过更重要的原因有两个：第一，就算面对会让人感到烦恼的情况，我也能把它们当成课题来看待和解决；第二，我能够随心所欲地控制自己接受事物的方式。

烦恼也有意义

不过，说句反话，我觉得完全不烦恼未必就是好事。因为，如果不经历烦恼这个过程，就无法产生认同感。例如，"我想了很多，但还是觉得这样好"，这种认同感是在一定程度的烦恼之后才会出现的结果，如果不烦恼的话就无法得到。就我自己来说，为了把公司做大，我做了很多努力和尝试，但有一天我发现，自己还是适合一个人做。从那以后，我再也没有纠结、犹豫过，在扩大事业版图的过程中，我毫不犹豫地选择了"不雇人外包"和"系统自动化"这种模式。从这个意义上来说，从适当的烦恼到得出结论的过程，就像是为驱散迷茫、勇往直前而做的准备工作。

另外，人类拥有各种各样的感情，这些感情必定有其存在的意义。例如，"不安"是一种危机感知能力。如果没有不安，我们就可以轻易进入草丛，继而有被蛇咬的风险。也就是说，不安是我们为了保护自己的生命而具备的生存本能之一，不可或缺。

同时，烦恼与"上进心""成长欲求"也有紧密的联系。正因为有"想成为这样的人""想成为那样的人"等成长欲求，我们才会为尚未达到理想的状态而烦恼。人类在体验喜悦和悲伤、嫉妒和自卑、成就感和挫败感等消极和积极的各种感情的过程中，形成了多重的"自我"。

但是，如果没有经历过受伤、悲伤、烦恼等阶段，在尚有许多弱点的情况下就长大成人了，心理在这方面就会非常脆弱。所以，如果遇到暴露自己弱点的场合，这类人就会极度动摇、消沉，思考能力下降，无法做出恰当的判断，很可能陷入危险的境地。但如果能经历人类所有的感情，并妥善处理它们、克服消极的部分，心理就会逐渐成熟。通过这样的积累，便可以培养出不为一点小事所动摇的强大内心。在感到逆境和绝望的场合，也不会轻易恐慌、受挫或自暴自弃，而是能够冷静地处理。

因此，多愁善感的十几岁是最烦恼的时期，这也是必要的。不仅是身体的成长，心灵也会随之成长。从这个意义上来说，经历烦恼本身并不是坏事。

不要原地打转，停止糟糕的烦恼方式

如何停止糟糕的烦恼方式？这就需要正确的和积极的烦恼方式了。

糟糕的烦恼方式会导致我们的视野变狭窄，缺乏灵活性，思维在原地打转，失去创造性，看不到更多种选项，只有在和别人商量之后才能够想到。如果一直被烦恼支配，人就会失去勇气和好奇心。另外，被烦恼支配的人会不知如何是好，最终放弃思考，容易陷入责备他人、自我厌恶、自暴自弃和绝望的境地。

单纯的烦恼并非好事，烦恼本身并不会让内心变得强大，一味地烦恼也并不能让人成长。

如果不能在烦恼之后找到解决问题、改善情况的方法，不能采取让自己和身边的人变得幸福的措施，那么烦恼就没有意义。

请大家停止糟糕的烦恼方式，不要陷入悲观的思维里，在原地打转，而是应该转换思维，将烦恼变成需要解决的课题，想出解决方法，这才是正确和积极的烦恼方式。

消除烦恼的三种方法

我根据自身经历和问题意识，想到了以下三种消除烦恼必不可少的方式。

- 为解决问题采取行动
- 改变对烦恼的看法，让自己不再烦恼，或者减轻烦恼的程度
- 从根本上建立没有烦恼的思维方式

第一项"为解决问题采取行动"看起来是理所当然的事情，那么烦恼为什么还是无法消失呢？

有时候烦恼并不是针对具体的事情，比如对自己年老后的生活感到不安，就是一种笼统的烦恼。还有很多自己认为自己

无法做到的情况。这是"我说不出来这种话""我做不到那种事""肯定不行"之类先入为主的想法和刻板印象在作祟,使我们无法采取行动,解决烦恼。

可是正如前文所述,烦恼大多来源于自身的上进心和对成长的渴望。如果对任何事情都无所谓,就不会感到烦恼了。因此大家应该把烦恼当作"为了让自己变得更好"的课题来对待。

第二项"改变对烦恼的看法,让自己不再烦恼,或者减轻烦恼的程度"和第三项"从根本上建立没有烦恼的思维方式"则是指摆脱刻板印象,消除执念。

因为"我必须这样做"之类的刻板印象会带来烦恼。

举例来说,"一定要上大学"的执念会带来学历自卑,没有这种执念的人就不会烦恼。认为无论高中毕业还是初中毕业都没关系的人,从一开始就不会产生烦恼。

本书将从以上三个视角出发,从性格、自卑感、职业规划、人际关系、金钱、挫折等方面介绍我自身的思考方式。如果本书能稍微减轻读者们的烦恼,我便喜不自胜。

午堂登纪雄
2020年9月

第1章　烦恼

01　放下烦恼　　　　　　　　　　003
02　不要过度烦恼　　　　　　　　009
03　不要把责任推给别人　　　　　015
04　不要执着于自己的想法　　　　021
05　不要因为前途未卜而烦恼　　　027

第2章　性格

06　不要为自己的性格而感到烦恼　037
07　不要因为消极思考而烦恼　　　043
08　不要因为没有自信而烦恼　　　049
09　放弃"一定要完美"的思维定式　053
10　不要因为鸡毛蒜皮的小事而焦躁　059
11　不要因后悔而烦恼　　　　　　067

第3章　自卑感

12　不要为自己没有专业技能而惋惜　　075
13　不要为学历而烦恼　　083
14　不要因为容貌自卑而烦恼　　089
15　不要因为嫉妒而烦恼　　095

第4章　职业规划

16　不要为没有得到好评而烦恼　　103
17　不要抱怨公司的方针　　109
18　不要为没有涨工资而烦恼　　113
19　不要因为不知道想做什么而烦恼　　119
20　不要为选择大公司还是创业公司而烦恼　　123
21　不要因为想创业却害怕失败而烦恼　　131

第5章　人际关系

22　不要当"好人"　　141
23　不要因为说不出想说的话而烦恼　　149
24　不要害怕在职场上被孤立　　157
25　不要因为无法离开圈子而烦恼　　161
26　不要独自承担家务　　167

第6章　金钱

27　坚持储蓄，不乱花钱　　　　　179
28　不要为养老而烦恼　　　　　　185
29　不要为没钱而烦恼　　　　　　193
30　不要为年龄成本而焦虑　　　　199

第7章　挫折

31　不要把梦想和目标当成执念　　207
32　不要为无法放弃而烦恼　　　　217
33　不要因为无法重新振作而烦恼　225
34　情绪波动不要太剧烈　　　　　231

结语　成长是指内心变得强大　　237

第1章

烦恼

01 放下烦恼

做不到的人——感受到生活的艰辛和苦闷。

能做到的人——可以获得幸福感和满足感。

烦恼不过是自导自演的滑稽戏

面对同样的事情，有的人会烦恼，有的人不会烦恼。

比如被公司开除时，有的人会陷入失落情绪之中，觉得职业生涯就这样结束了；也有的人能马上振作起来，转换心情去其他公司应聘。

或者在面对疾病时，有的人对未来感到悲观；也有的人能转换情绪，安心接受治疗。

可见事情本身并不是烦恼的源头，烦恼只是自己故意设定的而已。也就是说，人是否感到烦恼取决于对事情的接受方式。

除此之外，生活艰辛、脸上无光、社会闭塞、未来无望，这些感受不是别人赋予我们的，也不是别人强迫我们接受的，只是我们自认为的而已。

因为我们自行创造出了本不存在的外界声音，觉得"是大家让我有了这样的想法""要是别人这么想我该怎么办"，结果由于太在意别人的声音，导致我们无法正视自己内心的真实想法，从而让自己感到苦闷。

社会环境并没有自带情绪，是我们自己赋予了它们情绪，并为此而感到痛苦。

也就是说,几乎所有的烦恼都不过是自导自演的滑稽戏罢了。

所以为了与烦恼和不安断绝关系,我们应该停止擅自赋予事情意义的行为。然后掌握不在意任何事情的能力,以及积极意义上的置身事外的能力。不过不在意仍然是由主观决定的,要做到还是需要自身的努力。

最理想的方法是达到无感状态,不需要主观努力,身体就能自然而然地不为所动,变成积极意义上的迟钝体质。

情绪起伏小的人没烦恼

没有烦恼的人,或者说不容易产生烦恼的人很少会感情用事,平时看起来就很冷静。一方面是因为他们经历过一桩桩事情后学会了冷静,情绪不再频繁产生波动。另一方面,这样的人也很难涌起喜悦和激动等情绪。

或许大家会觉得做人做成这样会无聊,但其实暂且不论十几岁多愁善感的时期和二十多岁缺乏人生经验的时期,我认为人到了三十岁之后,人生的幸福就与喜悦和激动关系不大了。

成熟的大人感受到的幸福是满足感、成就感、自洽，以及稳定的状态。

当然，成熟的大人也会感受到某种喜悦和激动，会有感到"太好了！成功了！"的时刻，比如看到孩子出生、成长的时刻。

可是成熟的大人不会为每一件事情欢呼，而是会冷静地用自己的方式评价并接受发生的事情、周围的环境，以及自己的行为。

就算是在竞技体育的世界里，越是能够不断拿出好成绩的人，越能够平静地接受胜利，无论是得分还是在比赛中获胜，他们都只会做一个简单的庆祝姿势。相反，遇到任何事情都情绪外露的人遇事往往无法冷静地接受，容易因为外部因素而动摇，情绪会因此不稳定。会因为某些事情而欣喜若狂的人，也容易因为某些事情而感到不安和烦恼，其实这样的人中还有不少心理不成熟的人。

我自己平时情绪非常平稳，不会高兴也不会生气。就算孩子弄乱了房间，我也不会生气，遭遇到网络暴力或者收到批判的留言时，我也完全不在意。

无论对方是谁，我都能直言不讳地反驳，所以就算有人说了让我不高兴的话，我也不会因此而郁闷。

新书的策划案通过，投资的房产获得融资，投标成功，讲座满座，这些场面也只会让我觉得"挺好""这样啊"。

看到孩子越长越大，能够做到越来越多的事情，我确实会涌出类似于感动的情绪，那种感觉更接近于充实感和满足感，觉得孩子长大了。正因为如此，我觉得每天都过得非常充实和幸福。没有切身体会过的人或许不会明白，但我觉得情绪起伏小，能够平淡地生活就是一种幸福。

点子多的人没烦恼

为了消除烦恼、改变对事情的接受方式，第一步需要拥有主观能动性，凭借自主意识面对烦恼。

比如有人会在下雨天感到忧郁。

他们对下雨天的印象是"湿漉漉的""衣服干不了""不能出门""衣服会被淋湿""打伞好麻烦""天阴沉沉的，心情低落"，等等。这些负面印象来自晴天更好的刻板印象，来自只喜欢晴天的执念，所以请大家尝试转换想法。

比如，"晴天有晴天的快乐，雨天有雨天的快乐"，然后想一想怎样才能享受雨天。比如带上替换的衣服，就算被淋湿也没关系；买好时尚的防水鞋和雨衣，想出门时就能出门。

也就是说，要转换想法，让自己能够享受环境的变化，这正是解决问题的能力。

如果你在下雨天感到忧郁，就想一想如何才能享受雨天，除此之外，这种方法还可以应用在日常生活里的各种情境中，想一想如何让无聊的工作变得愉快，如何享受眼下忙碌的状况等。

如果想不出办法，就很容易被自己的刻板印象所束缚，导致情绪低落，严重受到环境变化的影响，任由变化摆布。这样一来就只能一直维持脆弱的状态，外部环境的任何变化都可能左右自己的幸福感。

尤其是住在多雨的城市，若是每次下雨都要哀叹"今天也下雨吗？真郁闷"，那人生该多么无聊啊！

所以面对自己无力改变的环境时，必须打开灵感开关，思考如何享受当下的环境。

我听说"点子多的人没烦恼"，并且认为这句话很有道理。

02 不要过度烦恼

做不到的人——把事情看得过于严重。

能做到的人——认为除了"无论如何都想避免的事情"之外都不是问题。

烦恼之后，想一想会出现什么令人困扰的结果？

消除烦恼的方法之一，是想一想究竟会发生什么令人困扰的事情，然后尝试去思考具体的情况，分析这是不是真的无法挽回的结果。

这时，请大家事先画出一条分界线，明确哪些是"无论如何都想避免的事情"，哪些是"在这种情况下我一定会陷入绝望的事情"，然后试着想想这种事情真正发生时的状况。

在很多情况下，思考得越具体，越会发现事情并没有那么糟糕。

我来为大家介绍我自己画出的"人生中无论如何都想避免的事情"分界线。

排名最高

  自己和家人死亡

  导致他人死亡

  承担超过5年以上有期徒刑的刑事责任

排名第二
  自己和家人受重伤、生重病
  和家人分离
  导致他人受重伤
  犯下明显会败诉的罪行
  失去迄今为止积攒的全部财产

  这就是我的极限。
  然后思考我的烦恼和不安是否与这些情况有联系。
  因为大部分烦恼都不会到达上述这些极限，所以我会认为它们不需要在意。
  就算被孩子同学的家长讨厌，被学校当成怪兽家长[1]；就算明天的演讲失败；考试失败；和讨厌的领导关系闹僵；被公司开除；被公司的掌权者无视；和多年好友吵架绝交等，都达不到我画的分界线，所以不需要烦恼。

---

1 怪兽家长：monster parent，日本造出的英语词汇，指以自我为中心、不讲理的监护人；一次次对学校提出无理要求、妨碍正常的学校管理的家长。

如果自己的孩子被诊断为发育障碍呢？

思考具体问题时，需要的还是知识。

我的长子在3岁时被诊断为发育障碍（孤独症谱系障碍），如今在能够帮助儿童康复的疗育[1]机构上学。小学恐怕也要在特殊学校度过，无法走上普通升学的道路。

因为这个，我听过很多有发育障碍问题的孩子的父母如何对待此事的故事，感觉很多人在为此烦恼。其中甚至有父母不承认孩子有发育障碍，不去儿童精神科就诊，不让孩子接受疗育。由于他们的孩子没有接受恰当的疗育，被强行送进普通学校，却跟不上进度，交不到朋友，出现了不少被霸凌、拒绝上学的情况。

有的父母听到幼儿园或者学校建议孩子接受治疗时会生气，觉得自己家的孩子才不是残障儿，所以有些幼儿园将提出类似建议视为禁忌。

可是我并没有因为长子的事情而烦恼，即使是现在也并不

---

1 疗育：帮助身体或精神有残障的儿童实现生活自立，是"医疗"和"教育"并行的行为。

介意，因为这件事并没有超过我刚才介绍的分界线。发育障碍是大脑功能不平衡造成的，不应该讳疾忌医。

而且儿子到了3岁依然不会说话时，我就已经做好了心理准备。所以在听到医生的诊断时，我只觉得原来如此，然后马上开始查询有发育障碍的儿童可以选择什么样的人生道路。

于是我认识到，人都有长处和短处，有发育障碍的儿童只是二者的差距比较大而已。所以重要的是填补短板，让短处不至于对生活造成困扰，并且尽量培养长处。

我在继续调查后发现，创业者和科研工作者中也有一些有发育障碍的人，他们似乎在感兴趣的领域具备独特的专注力，能够取得非凡的成就。

因此我了解了"神经多样性"的思维方式（认为孤独症、非典型孤独症等广泛性发育障碍是人类基因自然且正常的变异）正逐渐向社会渗透，而且有发育障碍人群生活的环境保障正在逐渐完善。

其实只要给予有发育障碍的人群适当的支持，他们的效率就有可能超过正常人。事实上，互联网企业已经开始积极使用"神经多样性"人才。

就这样，我对具体情况调查得越深入，越发现发育障碍不仅不是令人困扰的情况，有时候反而是一项长处。重要的是调查，是积累知识。了解自己之外的世界，就有可能找到解决问题的方法，会发现就算没办法解决问题，也有办法创造一个不需要在乎问题的环境。我们可以从知识中获得安全感，发现原来还有这样的生活方式，还可以这样做。

于是烦恼不再是烦恼、不再是绝望，反而会转变为希望。

03 不要把责任推给别人

做不到的人——过度依赖他人和社会,容易生气。

能做到的人——能够接受自己选择的结果,思考解决方法并采取行动。

别人没有义务为我们做任何事情

要想消除烦恼,或者想要从根本上建立没有烦恼的思维方式,重要的是要以"人生全部由自己负责"为前提而生活。

不要把责任推给别人、公司或者社会,他们没有义务为我们做任何事情。如果对他人抱有期待、依赖别人,那么当事实与期待不符时,你就会产生被背叛的感觉,涌起怒火。而且如果无法掌控自己的人生,你就可能会失去希望。

当然,我并不是说连患上意料之外的疾病,或者车子被追尾,被歹徒袭击这样的事情都是自己的责任。

这些疾病、事故、案件等应该另当别论,但是无论发生其他任何事情,都应该把自己所处的状况当成自己的责任来接受。

就算你在公司因为繁重的工作而感到疲惫,但当初投简历接受面试,最后决定进入公司的也是自己。没有人擅自投出你的简历,帮你接受面试。也就是说,目前的情况是你自由选择的结果。反过来说,无论辞职还是换工作同样都是你的自由,没有人能够阻止。

"躺"还是"卷"都是你的自由

有的人为贫困而烦恼,没有钱,能做的事情有限,确实会有不便,不过在贫困中"躺"还是"卷"同样是自己的选择,需要自己负起责任。

有人会说:"我是没办法,只能找一份工资低、不稳定的工作。"既然如此,那就提高能力,让自己能够选择一家更好的公司。

嘴上说着因为没上大学、没有文化而没有机会的人,其实都是为自己的懒惰找借口,只要去图书馆,就能免费看到最新的职业指导类书籍和专业技能类书籍,可以用它们自学。世界顶级大学的课程也可以在网上看到,所以不存在因为没上大学、没文化或者缺乏专业知识而没有机会这种事。

我以前经营的公司业绩下滑,甚至付不出自己的工资,只好搬到房租5万日元[1]的破公寓里。

尽管如此,看到附近有便宜的烤鸡店时,我依然会开心,

---

1 人民币与日元的汇率为:1人民币 ≈ 21.9701日元。(以2024年6月25日为参考,汇率每日浮动。)

还会在免费续杯的咖啡馆里坐上好几个小时,从而得到相应的乐趣。

虽然既没钱又住在寒酸的屋子里,但是只要有希望,相信未来一定会变好,人生就会变得轻松。

贫困本身并不是问题,和比自己富裕的人比较、为自己处于贫困状态感到悲观而"躺平",这才是问题。

听到我这样说,有人会说因为未来没有希望所以才"躺平",但是否有希望主要取决于个人的努力,而不是由别人来决定的。

只要自己拥有希望,你的人生就会变得光明;若是自己抛弃希望,你的人生就会变得灰暗。这两句话都是正确的。

因此,这不过是你自己的选择,选择自己向往的人生罢了。

自己做决定,要做好接受一切结果的心理准备

对自己负责,如字面意义所示,指的是对自己的人生负责。这句话并不是指只顾自己不顾他人的自私行为,而是意味着自己的事要自己做决定,并做好接受一切结果的心理准备。

就算生了病，也可能是自己平时不注意养生的结果，要努力改变生活习惯。

失业后，需要反省的是自己是不是不具备公司需要的技能，或者自己是不是不适合这家公司，然后努力钻研，转换心情后重新找工作。

出现危机时，想一想这或许是一次机会，你能从中得到什么教训，这是老天对你的考验。

同时，对自己负责也意味着，努力不受到他人、环境、社会事件的负面影响。

遇到问题，主动想出解决问题的办法，而不是依靠他人。就算受到来自外界的负面影响，也能凭借自己的力量进行修正和改善。比如，有人会抱怨领导太无能，自己工作没有干劲。可是反过来想，不觉得让别人影响到自己的积极性很没意思吗？因为太无能的领导，影响到自己的干劲，不会觉得不甘心吗？而且因为别人能力不够而提不起干劲，只能说是自身的积极性还不够。如果他们无能，就由有能力的你来支持他们就好。如果领导下达了错误指示，你可以尝试提出替代方案。如果领导不理解，就绞尽脑汁想想怎样才能让他们理解。如果这样也不行，就自己做出成绩来。只要拿出成果，身边人的想法或许就会发生改变。如果还是不行，那么换个工作就好。一直留在差劲的公司，只会浪费自己的人生。

只要贯彻对自己负责的原则，就能对事情进行预测、判断，为自己身上可能发生的各种事情做准备。就算出现问题，也能够思考如何解决问题，并且采取行动。

比如大家在买房子时，会做出预测和准备：参考灾害预测图选择安全的位置，在容易发生洪涝灾害的地区提前买好能全额赔偿水淹损失的保险，储备防灾用品和食物等。

可是把责任推给他人的人却不会考虑或预测这些事情，并且不会做好准备。如果出现了问题，只会哀叹自己的不幸。这是多么不自由的人生啊！

所以我认为要想成为没有烦恼的人，得到幸福的人生，意识到要对自己负责是非常重要的一点。

04 不要执着于自己的想法

做不到的人——认为对方是错的,无端感到焦躁。

能做到的人——能够接受其他想法,活得轻松。

反省自己的想法是不是错了

要想消除烦恼，一个必要的心态是拥有反省自己的勇气，反思自己的想法或许是错的。

包括我在内，几乎所有人都觉得自己的想法是对的。当然，也正是因为认为自己是对的，才能接受自己的判断和行为，这并不是坏事。

可是另一方面，越执着于自己的正确性，越会认为和自己想法不同的人是错的。这种想法会带来不必要的烦恼和不满，让自己变得焦躁。

同时，执着于自己的正确性会形成"一定要这样"的固定观念，如果没能做到，就会感到痛苦。

比如被"家务必须做得完美"的想法束缚，看到做家务马虎的人就会感到焦躁，想发泄不满。想到自己无论多忙都不该偷懒，结果把自己弄得疲惫不堪，或者因为家务做得不够完美而陷入罪恶感和自我厌恶之中。

这时，请试着想一想如果自己的想法是错的，而对方的想法是对的会怎么样。

举例来说，在酒会、聚餐或者轻松的茶会上，看到在AA

制时为1日元的零头斤斤计较的人，你或许会觉得这种人真小气。

如果对方的想法是正确的，那么这种行为就可以解释成："如果AA制时不严格均摊就会产生金钱的借贷关系，双方都会产生不满和负担，那么严格执行AA制也不能说是错的。"

这样一想，是不是就能够接受更多事情了呢？

以刚才提到的"家务必须做得完美"的价值观为例，请大家试着想一想如果不这样做，会造成多大的实际伤害。

比如看到做家务马虎的人，想象一下他的做法会造成多大的实际伤害，然后你就会发现，家里乱七八糟虽然会让人感到困扰，但并不会造成实际伤害。

套用在自己身上也一样，你不喜欢凌乱，这只是个人观念的问题，即使乱一点也并不会真正失去什么。既然如此，是不是做家务稍微马虎一些也没关系呢？

如果自己的规则和别人的规则不同该怎么办？

要改变自己认为正确的规则是很有难度的，自己的规则有时也会与他人和社会的规则产生冲突，我想每个人都会有自己认为决不能让步的地方。

当自己的规则和别人的规则不同，并让你感到痛苦时，可以从以下两种做法中选择一种。

①设法让对方配合自己的规则

②转移到自己的规则适用的环境中

放弃自己的规则，一味配合对方只会积累压力，所以要排除这种方法。

比如对刚才提到的AA制时为1日元的零头较真儿的人：

①可以试着告诉对方："那个，零头我来付，就按100日元为单位AA吧？"

②选择"一人××日元"这种有定额消费的店（很多店里，一张账单也可以分开结账）。另外，不和这样的人一起吃饭也是一种选择。

如果是我，大多会选择第二种方法，因为我明白我没办法去改变别人。

不去评价别人的行为和做法,就能减轻焦躁情绪

看到同样的人和同样的事,有的人会感到焦躁,有的人则不会。

举例来说,自己回家后会把外套挂在衣架上,但是丈夫(或者妻子)却随便扔在地板上。有的人看到后会感到焦躁,也有的人不会有任何感觉。

其实,没有人一开始就想让你感到焦躁(偶尔也会有这样的人),是你自己制造出了会让自己感到焦躁的情绪。所以只要让自己变成平和的人,就没有人会让你感到焦躁。

心存恶意的人暂且不提,对于那些往往没有恶意,并没有故意找你麻烦的人,他们只是没有多想,自然而然地就做了;而且说不定对方也有他们的难处和坚持。就算感到焦躁,也不要有改变对方的想法,这只是浪费精力而已。

看到刚出生的婴儿不会走路,应该没有人会感到焦躁吧。这是因为大家明白事情就该是这样,所以不会去评价婴儿的行为。

看到做事磨磨蹭蹭的下属和晚辈之所以会感到焦躁,是因为你认为"他应该麻利地完成",并且以此为判断标准在评价对方。

因此，只看对方的行为和做法，不对此做出评价，就能大幅降低产生焦躁的频率。

要想不做评价，必须学会"不过度期待"和"适当放弃"。如果强烈期待"他应该这样做""这样是理所当然的"，那么当事实没有达到期待时，你就会产生焦躁的情绪，所以要放低期待。

另外，"适当放弃"是指事先想到事情可能不会按照期待的情况发展。在告诉对方"把衣服挂在衣架上"的同时，做好对方可能不会这样做的心理准备，这样一来，在对方没有做到时，焦躁情绪也能得到缓解。

05 不要因为前途未卜而烦恼

做不到的人——被别人的意见牵着走,无法做出恰当的选择。

能做到的人——能够以"知识、素养"为基础,预测现实情况对自己未来产生的影响。

通识教育将我从烦恼中解放出来

在看不到未来的方向、没有明确答案的时候,在探索无人涉足的未知领域的时候,该如何才能消除不安、摆脱烦恼,总是昂首挺胸地积极生活呢?

解决方法之一,就是学习通识。

通识被称为"通往自由的技能",通过学习通识,可以让自己处于更加自由的位置。

原因在于通识能让我们获得多样化的见解。视角、立场、思维方式、生活方式、价值观、世界观越多样,遇到未知的情况时,越能采取恰当、灵活的应对方式。

我认为通识是由知识和素养组成的。

第一,知识是具体信息,用来理解我们生活的世界是什么样的结构,理解世界结构与各组成部分之间的关系的整体情况,比如社会学、经济学、法律等与生活密切相关的信息。

只要拥有丰富的知识,就能拥有更多选项,能够看清每一种选项会给自己带来的影响。

其实,很多事情知不知道本身就能造成差距。

举个简单易懂的例子:这款产品在哪家店里卖得便宜,从什么渠道能找到最便宜的店？如果不知道这些信息，就不得不花更高的价钱购买同样的产品。

第二，素养指的并非知识量与知识面，而是看事物的方法，价值判断标准。

什么东西有价值？事物的本质是什么？什么是必要的？什么是不重要的？什么是美？什么是丑？

有素养的人能轻易判断什么东西对自己重要，从而认真对待重要的东西，而不重要的东西就可以忽略。

每个人的价值判断标准不同，标准越清晰，犹豫的情况越少，不安的情况也会减少。另外，不仅要建立自己的价值判断标准，还要吸取别人的标准。

积累越多别人的人格类型和行为模式，思路就越开阔，就算遇到和自己不同的人，也能做出合适的应对。

家人的思维方式和行动原理是什么？直系领导呢？总经理呢？了解越多与自己价值观、性格、思维方式、兴趣和欲求不同的人，就越能避免与别人发生不必要的冲突，越能包容别人，减少人际关系带来的压力。

将知识和素养结合起来，当面对眼前发生的问题和不知如何解决的课题时，就能想出解决问题或者克服困难的方法。如前文所述，点子多的人没烦恼。

通过阅读时与作者进行"智斗"来提高素养

说到素养，或许你会想到纯文学、艺术、历史等领域，喜欢此类作品的人暂且不提，没兴趣的人会觉得无聊吧。

这里有一个能够让你轻松提高素养的方法，那就是阅读自己感兴趣的领域中与自己的思想和主张不同的书籍（其中也会有充分体现出作者价值观和思想主张的作品，比如随笔、自我启发类书籍等），与作者进行智斗。

如果只是边看书边点头称是，就只能模仿作者的想法，不能提高自己的素养。阅读古典作品后只知道说"原来是这样"，是无法提高素养的。

刚才我提到，素养是"看事物的方法，价值判断标准"，如果读书不能带来多样化的视角，就失去了意义。

"智斗"指的是自己思考作者为什么这样说，作者是通过什么样的逻辑分析得出了这样的结论的，要对作者的思想主张保持怀疑，与自己的想法产生碰撞："虽然作者这样说，但我是这样想的，理由是……"

当然，我并不是否定阅读纯文学、历史和古典作品在提高素养方面的作用，无论是何种类型的作品，我们都可以边阅读边思考。以纯文学作品中的小说为例，我们可以在阅读时思考为什么这个人物会说出这种话，如果是自己会怎么做。

阅读古典作品时，要思考这番教诲是否能用在自己的生活和工作中，自己能不能将这番教诲用在合适的场景，适当进行实践。

阅读历史作品时，要思考当时的领袖和登场人物做决定前衡量了什么，才决定优先做那件事情的。如果自己是那个人物，会如何判断，原因是什么。

随着"智斗"的增加，我们就能形成并理解多种多样的价值判断标准，提高素养，让自己更加自由。

直面现实，就能找到应对方法

通过学习通识，可以拥有多种多样的视角，全方位地提升一个人的综合素质，获得直面现实的勇气和能力。在面对某些未知状况时，能够坦然地直面现实，调动自己的综合素养，从多个维度做出相对客观、合理的决定。同时，在事情出现苗头时，就可以大致预判其发展方向和路径，及时把控，避免其愈演愈烈。

反之，如果缺乏知识和素养，就会缺乏理解事物的能力，无法洞察事情的内在逻辑，容易被自己的认知偏差牵着鼻子走，被"我希望如此""我不希望如此"的主观意愿支配，产生扭曲现实的理解，因自己狭窄的一隅之见而使结果与自己所期望的大相径庭。不能直视现实的人无法对局势做出恰当的应对，烦恼和不安也会接踵而至。

另外，如果没有足够的素养和眼光，不了解社会上发生的事情之间错综复杂的因果关系，就可能无法预测生活中的各种事情和变化以及别人的言行会对自己产生的影响，导致不断地做出错误的判断。毕竟，没有人是一座孤岛，别人的行为和态度在一定程度上影响着我们，若是没有直面它们的意识和能力，我们也就无法使之助力自己的进步。

因此，就有可能因准备不及时或者采取不恰当的应对方式而被卷入不利的处境中，失去了先机，丧失做出改变的决心和勇气，容易陷入得过且过的人生，在各种不利的情况下处于不利位置。

但只要拥有丰富的知识和素养,就算面对在别人看来不够优越的条件和环境,也能正视并接受自己面前的现实。而且这样的人能够充分运用已有的条件,预测面前的现实可能会对自己产生什么样的影响,从容找到应对的方法,知道应该如何做来消除烦恼和不安。

第2章

性格

06 不要为自己的性格而感到烦恼

做不到的人——总是自寻烦恼。

能做到的人——通过学习抓住幸福。

为什么会出现不同的性格？

　　为什么有人总是活得开心快乐，有人总是愁眉不展？为什么有人讴歌自由，有人束手束脚？尽管可以用一句性格不同来解释，但为什么会出现不同的性格呢？

　　性格是由与生俱来的气质和在环境、经验中获得及形成的思维特征与行为特征结合而成的。

　　我们从小就在父母和老师的表扬和训斥中，在与朋友们玩耍吵闹的过程中学会了分辨什么是好事，什么是坏事；做什么会受到表扬，做什么会被训斥。

　　直到现在，我们依然会受到自己接触的人和环境的影响，用自己的方式处理所面对的情况，有过成功和失败，有过满意和失望，有过喜悦和悲伤。在此过程中学习处事方式，明白怎么做合适，怎么做不合适。

　　与此同时，我们还会从读过的书，听过的话，看过的电视节目和电影，电车广告以及朋友告诉我们的信息中吸收知识。信息的取舍甄别同样会影响我们的处事方式。

　　我们在吸收经验和信息的同时不断塑造自我。

　　也就是说，性格是人们为了生存构筑的铠甲，是适合自己的处事方式，是适合自己的生存战略。

性格可以通过学习改变

性格是由三个层面组成的：第一层是"与生俱来的气质"（包括天资和禀赋），第二层是"自我肯定与自尊"，第三层是"成为行动原理的信念"。

第一层"与生俱来的气质"是形成性格的核心。

就算是同一对父母养育的兄弟姐妹，也会有天生的区别，比如有人喜欢独自默默玩耍，有人喜欢和别人一起玩。

所以不需要别人教，孩子从小就会展现出内向或外向的特质，这是与生俱来的气质，是无法改变的部分。

可是如果一个人的性格在成长过程中出现了变化，可以想象是他遇到的事情和经历带来了改变的契机。这就是受了第二层和第三层的影响。

第二层位于第一层之外，是组成性格的基石——自我肯定与自尊，是基本骨架，是在与家人等养育者交流的过程中形成的。

年少时期的家庭环境对人们在成长过程中能否相信自己、相信外界起到了巨大的影响。比如认为"做自己就没问题"的自我肯定；认为"自己可以对别人作出贡献"的自我激励；明白"一定要爱惜自己"的自我关爱；明白"自己就是这样的人"的自我认同。

举例来说，成长过程中受到虐待的孩子始终有一种不安的感觉，不确定自己身处的环境是否能够令人安心，无法与他人建立适当的亲密关系和信任关系，因此经常会出现负面连锁反应，也就是继续虐待自己的孩子。

就算没有到虐待的程度，在父母的高压下长大的孩子；没有得到父母充分爱意的孩子；因为父母的过度保护、过度干涉，总是看父母脸色的孩子；父母的爱有条件，只有做到了某些事情才会获得奖赏，总是被与他人比较的孩子……他们的自我肯定程度往往比较低。

因此为了不被身边的人讨厌，他们会压抑自己的本性去迎合他人；为了避免他人对自己的评价降低，会努力炫耀自己或者向上爬；或者从一开始就踟蹰不前，觉得自己做不到。另外，自爱没有得到满足会表现为过高的自尊。"自己绝对不能低头"，这种想法同样来源于此，不少人会因为自尊心过高而失去机会。

第三层是成为行动原理的信念。

我们通过在家庭、学校中获得的人际关系经验，所处的环境和遇到的状况，学会了什么事情不能做，什么事情必须做，什么是正确的，什么是错误的。并且学习怎样做事情会顺利进行，怎样做会导致事情进行得不顺利；什么对自己有利，什么对自己不利；什么事有意义，什么事没有意义等。通过这些经验和学习，我们修正自己的思维方式，逐渐适应社会。

在某种环境中对自己有利的事情有时也会形成先入为主的固定观念，从而束缚住自己，让自己感到痛苦。不少人都会有比如"谋利不好""朋友多比较好"之类的刻板印象，或者将"母亲就应该这样""育儿就应该这样""男人就应该这样"之类没有依据的理论强加在自己和身边人身上。网上发生的所谓"网络暴力"大多来源于此。

既然这种思维方式和对事情的看法是通过学习获得的，那么也可以通过新的学习覆盖。当然，环境、人际关系和自身的能力都会发生改变，那么人自然会改变、抛弃不适合自己的思维方式和对事物的看法，吸取新的思维方式和对事物的看法。这就是智慧，是成熟的大人应有的样子。

可是也有人甚至是大多数人一旦学会了一种思维方式和对事情的看法，哪怕过上几年几十年都不会改变，正是这种学习能力的差距决定了大家能否抓住幸福。

也就是说，为了消除烦恼，为了从根本上建立没有烦恼的思维方式，进一步得到精神上的自由，我们必须主动摆脱成长过程中学到的偏见和刻板印象，学会通过新的学习来覆盖它们。

07 不要因为消极思考而烦恼

做不到的人——会因为害怕风险和不利因素而无法行动。

能做到的人——能利用对危机的敏锐嗅觉而采取行动。

利用消极思考想出回避、降低风险的对策

很多内向的人不喜欢自己经常进行消极思考、负面思考的性格，并且为此感到烦恼。

可是换个角度想一想，这种性格同样可以理解为是对风险敏感，想象力丰富。也就是说，由于察觉危险的能力比别人强，这样的性格本身并不是坏事。问题在于消极思考会造成一味地担心风险和不利因素，结果无法采取行动。

为什么会这样呢？

原因之一是思考的深度不够。

如果看到了风险和不利因素，只要能够想出回避或者降低风险的方法并且准备周全，应该很容易采取行动，然而有的人并没有深入思考到那一步。

既然已经看到了问题，就应该从逻辑出发，一一思考解决问题的方法，事先准备好对策。或者针对可能会出现的问题，事先想好应对方法。做好准备后，就没有理由不采取行动了。

如果认识到那个问题是自己一个人无法处理、无法承受，或者损失过大无法弥补的，也可以作出放弃（不采取行动）的判断。只要能够进行合理的深度思考，就可以利用消极思考获

得行动力和回避危机的能力。

发挥想象力，尝试换位思考

因消极思考而烦恼的另一个原因是养成了自我贬低的习惯，尤其是在人际关系中，有的人一旦发现问题，就会担心是不是自己不好，是不是自己的问题。比如跟别人打招呼时被无视，就会担心是不是自己被讨厌了，是不是自己做了什么让对方不愉快的事情，然后感到烦恼……或者因为寄出明信片后没有收到回信就感到失望，觉得对方不想和自己联系。

这种情况下，其实只需要用轻松的语气问一句"刚才怎么回事""发生什么事了吗"就可以了，但是内向的人却问不出口，只能放在自己心里闷闷不乐。

为了缓解郁闷的心境，请大家尝试进行换位思考。

这是让自己站在对方的立场上，放飞想象力，思考什么样的原因会造成眼前的结果。

比如自己在什么样的情况下会无视别人跟自己打招呼？不，自己应该不会无视。所以会不会只是因为没有注意到呢？

或者对方以为你不是在和自己打招呼，而是在和其他人打招呼？

又或者因为自己以前也遇到过突然被叫住，结果吓了一跳，说不出话来的情况，对方刚才是不是也处于这种状态呢？

寄出明信片后没有回信，可能是因为对方手头有什么急事，结果忘记了。或者对方因为忙碌而一天天拖延下去，最后错失了寄送的时机呢？也有可能是因为对方没有给任何人回寄明信片的习惯。

这样想想，就会明白对方在人际关系中表现出的消极反应或许不是自己的错。别人作出消极反应也可能是由于他自己遇到的问题和所处的状态，只要合理发挥想象力，换位思考，应该多少能缓解自己的不安吧。

我想很多人都听过拿破仑·希尔的名言"心里想的事情会变成现实"吧。

确实会出现这样的情况，而且实际上消极思考比积极思考变成现实的情况更多，更容易将事情引向消极的结果。所以倾向于消极思考的人需要有意识地矫正自己的思维方式。

举例来说，如果你觉得自己做不到，就不会付出必要的努力，做事时会退缩，不会积极地解决问题，没办法坚持。失败后,又会安慰自己"我果然不行",让自己接受失败,然后陷入恶性循环。

于是"我做不到"的自我暗示变得越来越强烈,思考方式越来越消极。

这份消极的心态会让你消极地对待自己,结果将现实引向消极的方向。也就是说,消极思考是一种可怕的、预言式的思考模式。

矫正长年培养起来的思考模式并不简单。首先,必须意识到有固定观念和刻板印象在束缚自己。

我在上文中已经提到过,当你感到不安、不满或者愤怒时,问一问自己:"我的想法是不是错了?"

首先,不要拘泥于坚持自己想法的正确性,要停下来想一想自己的想法或许错了。

其次,抛开固定观念,认识到自己的想法可能失之偏颇,这就是矫正消极思考的一种方法。

08 不要因为没有自信而烦恼

做不到的人——无法发挥潜力。

能做到的人——可以从小挑战出发,在下一次挑战时有效利用失败的教训。

自信不是他人给予的，而是自己赋予的

大家有没有过缺乏自信，或者觉得如果更有自信就能做得更好的经历呢？

自我肯定程度越低的人，越容易产生这样的想法，我认为这样的人如果能重新审视自信本身的意义，就会恍然大悟。

阻碍我们拥有自信的因素之一是对自信的理解和认识有偏差。自信不是他人给予的，不是需要被动接受、依赖他人才能得到的东西，是否拥有自信，依靠的更多的是主观能动性。

不过正如上文中介绍性格时说到的那样，自信很大程度上来源于小时候监护人用恰当的养育方式培养出的"自我肯定和自尊心"。如果在不恰当的养育方式下长大，可能很难产生自信。

比如成长过程中遭受过虐待，遭受过否定和高压，总是听到"你太笨了""连这种事情都做不好""真是没用的人""反正肯定会失败，算了吧""你做不到的"之类话语的人，恐怕很难对任何事情产生自信。

为了通过后天努力重拾自信，我们需要主动积累成功体验和成就感。

人在过去的经历中，从顺利完成的事情、没能完成的事情中得到成就感和挫败感，这些感受不断积累，形成了自己的判断基准，明白自己什么事情能做到，什么事情做不到，什么事情稍稍努力一下或许可以做到。

可是如果没有形成判断基准，那么在任何事情面前都会胆怯，这是因为你缺乏面对未知和不擅长的事情的经验。因为缺少挑战没有做过的事情的经验，所以会增加不安情绪。

所以哪怕是一件小事也好，都应该努力去完成挑战，取得进步，不断积累成功体验，就会发现自己能够完成，也能做得很好，从而重拾自信。

通过不断积累克服小失败的经验提升自信

另一个阻碍我们拥有自信的重要因素是：事情进展不顺利时容易受打击。容易受打击的人会陷入恶性循环：害怕失败后遭到嘲笑、受到打击或者伤害→所以还是从一开始就放弃比较好→无法积累经验→越来越害怕挑战。

可是如果始终不能摆脱这样的状态，无论你拥有什么样的潜力，都有可能终其一生不能发挥出来。

就算主动挑战后失败受伤，只要重新站起来，就能磨炼意志，并且建立自信，明白就算失败也没关系，总会有办法。既然死不了，那就试试看吧。所以哪怕只是一件小事，人也能通过克服困难积累经验。

以我自己为例，我做过新闻奖学生[1]来筹措大学学费，不停地打工，度过了一段贫困的学生生活。

就像我在序言中介绍过的那样，我在毕业后没有找到工作，成了一名自由职业者，在第一家公司里不断犯错，一年就被开除了。创业后，我创立的几家公司也接连倒闭，我也经历过与别人的争执，比如员工背叛，甚至将我告上法庭。

虽然我以前的经历很艰难，但我就是在不断挑战、不断失败、不断克服的过程中获得了经验。尽管当时境况悲惨，但回过头看，大多数事情在我眼中都变得没什么大不了了。

---

1 新闻奖学生：通过为报社送报纸来赚取工资，补贴学费的模式。

09 放弃"一定要完美"的思维定式

做不到的人——害怕犯错和失败,无法行动。

能做到的人——不在意别人的目光,能果断采取行动。

放弃完美主义就能变得更轻松

接着上一节的内容,害怕失败以至于无法做出挑战的人,往往有强烈的"不允许犯错和失败"的固定观念,有完美主义倾向。

或者因为缺乏自信,陷入"我做不好""可能会失败"的思维定式,导致犹豫不前,迟迟无法采取行动。

这时可以尝试角色互换。

举例来说,你面对在工作中犯错的人,会全盘否定,认为那家伙是个废人吗?看到在发表演讲时打磕巴、说不出话来的人,你会看不起他,觉得他没用吗?在朋友的结婚典礼上,看到讲话时脸红流汗的人,你会觉得这样的人令人感到羞耻吗?

或许有人会这样想,但那往往是面对敌人或讨厌的人时的想法,大部分情况下,大家会鼓励别人说"这次有些遗憾",或者同情别人,认为他们只是紧张。

也就是说,你看到别人不完美的样子时可以原谅,那么别人看到你不完美的样子时,同样也会原谅(或者说他们并不那么重视)。

既然如此,当遇到让你犹豫的场面时,可以试着想一想:

"如果不是自己,而是别人挑战失败,我会嘲笑那个人吗?"

大部分情况下答案都是"这种事情我连想都没想过",这样想时你的心情应该能稍微轻松一些。

觉得羞耻只是你自己钻牛角尖

在众人面前感到羞耻,或者失败后感到羞耻,产生这些情绪大部分都是因为你自己钻牛角尖。

在工作上发表意见时,别人并不会把注意力放在评价你这个人上,也不会对你有特殊的兴趣,从而仔细观察你。重要的是意见的内容。在他人发表意见时你不也是这样想的吗?

私下的对话同样如此,大多数情况下,你都不会记得别人说话的详细内容,就算看到别人的失败和缺点,也会马上忘记不是吗?而对方的想法其实也和你一样。

假设看足球比赛时,你支持的球队射门射偏,球员本人或许会觉得羞耻,但看球的人只会感觉遗憾。

实际上只有你自己会为自己的发言和行为感到羞耻,别人并不一定这样想,也就是说别人怎么想只是你个人的猜测,是你自己在钻牛角尖。

我们活着不是为了避免羞耻的事,而且就算做了羞耻的事,也不会引起什么麻烦。

所以因为一点点失败就感到羞耻,是严重的自我意识过剩,或者仅仅是自己的错觉,大家只要想通这一点就好。

别人并不会把你的失败放在心上

我曾经开过一家美容院分店,仅仅过了一个月,就撤店关门了。

我也做过投资,曾经在期货交易中损失了1300万日元,在其他金融产品中损失了900万日元。

在投资国外房地产生意时,租房子的人没有拿出我预计的房租,导致我需要还的贷款比收到的房租还高,出现了巨大的逆差,直到现在我还需要每个月拿出资金填补。

听到我的连续失败的经历,你会觉得我是个傻瓜,是个让人感到羞耻的人吗?应该不会吧,可能根本不会放在心上。

可是对我来说,多亏了这些经历,我的经验才能增加,才有了大量写书的素材。多亏从失败中学到的教训，我才提升了思考能力和判断能力，现在得以过上不用为钱发愁的生活。

就像这样，从挑战失败中学习是成功路上必不可少的过程，为了避免失败而不去挑战，则意味着不会成功。

错误和失败可以让我们明白"用这个方法不会顺利，所以必须换一条路"。在前进过程中不断试错是效率很高的路径，可以让我们锁定更合适、更有效的方法。

所以大家首先要抛弃"必须做到完美""失败会被嘲笑"这些没有依据的思维定式。

10 不要因为鸡毛蒜皮的小事而焦躁

　　做不到的人——不允许别人和自己不同,增加不满和争执。
　　能做到的人——尊重别人的行为,表示理解和支持。

看到负面新闻后愤怒的人是自以为是的

有的人会因为鸡毛蒜皮的小事而感到焦躁,这样的人精神状态容易受到其他人或者其他事情的影响,所以容易有烦恼。

要想成为没有烦恼的人,需要注意的一点是不仅仅要用自己的标准对其他人和事下判断。并且要有意识地避免用是否正确、是否道德、是否违背伦理等标准下判断。因为这些判断标准来源于自身的固有观念,别人的想法不见得和你一样。

举例来说,我对别人的负面消息完全不感兴趣,不过社会上有很多人看到艺人或者政治家的负面新闻后会感到愤怒。他们认为这是不对的,公众人物应该是清廉纯洁的,看到有人的言行不符合自己的道德观就会生气。因为他们在对方身上追求自己心中的正确,结果看到和自己不同的人就会生气,这样的人其实是自以为是的。

与此同时,他们还存在要让身边的人也履行自己心中的正义的思维定式。每个人心中的正义各不相同,而且本来就不存在客观上的正义,因为在大部分情况下,正义都是对自己有利的事情。

奥特曼和巴尔坦星人,谁是正义的一方?

虽然有些突然,不过我还是想问问大家,你认为奥特曼和巴尔坦星人谁是正义的一方?

普通人应该会回答奥特曼,看到奥特曼打倒巴尔坦星人的时候,你或许会觉得正义的一方果然会胜利。

可是这个故事有内情。

真正的设定是这样的:

> 巴尔坦星人因为一些疯狂的科学家进行的核试验而失去了故乡巴尔坦星,碰巧在宇宙中旅行的20.3亿巴尔坦星人逃过一劫,共同乘坐宇宙飞船流浪。顺带一提,他们的弱点是害怕一种存在于火星上的架空物质"斯派修姆"。
>
> 他们本来只是碰巧路过地球,修理宇宙飞船,置办缺少的备用零件,但是当他们发现地球的环境适宜他们居住后,便决定移居此处。
>
> 因为他们刚开始不理解地球上的语言,于是附身在假

死状态的岚大助身上,与井手光宏、早田进[1]对话,说明了自己的情况,针对移居地球一事进行谈判。

巴尔坦星人最初的攻击并没有杀死人类,而且在早田表示"如果你们把身体缩小到人类的大小,遵守地球法律和文化,移居也并非不可能"后,巴尔坦星人马上使用礼貌语,展现出尊重地球人,希望与地球人共存的态度。

可是井手听说巴尔坦星人人口众多后面露难色,而且早田还建议巴尔坦星人移居火星,可是那里有巴尔坦星人害怕的"斯派修姆"。于是谈判中止,巴尔坦星人宣布强行移居,现出真身变大,开始进行侵略破坏活动。

看到这里,我发现巴尔坦星人也有属于他们的正义。如果我是巴尔坦星人,我会怎么做呢?如果我是率领巴尔坦星人流浪的领导者,会怎样做呢?

可以看出,客观的正义并不存在,10个人有10种正义。巴尔坦星人的正义、奥特曼的正义、科学特搜队的正义都不相同。

---

1 岚大助、井手光宏、早田进:日本动漫《奥特曼》中的角色,同为科学特搜队的队员。

因此，如果用自己心中的正义对抗对方的正义，将永远无法达成相互理解，最终只能走向战争，在现实世界中也会带来同样的结果。

从这个故事中可以看出，把自己认为的正确和正义强加在他人身上，除了引发不满和争执之外，不会创造出任何东西。

理解别人的情况和行为原理

如果你总是和另一半或者家里人吵架，多半是因为你想证明自己是正确的，希望按照自己的要求改变对方。

你觉得对方没有对你言听计从，这是不对的。你觉得对方应该坚定地支持自己，自己没有错，错的是对方，对方必须要做出改变……

如果你执意把自己认为的正确强加于人，而对方又无法实现时，你就会感到愤怒。

比如有人会因为对方在社交软件上已读信息却不回而生气。

有的人可能会立刻回消息，有的人则不会，这只是因为大家对回复信息的速度和时间的感知不同。有的人可能不小心忘记了，有的人可能因为忙碌而顾不上回消息，也有可能是你发送的内容对方不知道如何回复。

总而言之，别人有别人的情况，有他们的行为原理。

一味坚持自己正确，因为对方没能实现自己的想法而责备对方，最终只会导致争吵。

在家人和情侣的吵架中，经常能听到"你为什么不××""你为什么要××"之类的对话。但是对方从这些话中只能听出责备，并不能解决问题。

当你感到焦躁时，在发火前请对方听一听你认为正确的理由，还要听一听对方认为正确的理由。

自己说出"如果你这样做，我会很高兴，原因是……"，然后让对方说一说"我想这样做，原因是……"。

调整双方的意见，就能达成"那么这里这样做，那里那样做"的共识。如果有一方不遵守约定，就是那个人的错，到时候再发火就好。

当然，我们可能还是会因为对方一再不遵守约定而生气，但是如果能保证约定对双方都合理，并让双方都获益，那么对方也很有可能逐渐改变。

将判断标准从"大众认为正确的事"转向"影响""好处""开心"

重要的是用什么样的标准看待人和事。如上文所述,因为容易生气的人会用"正确与否"以及"善恶"的标准看待事物,那么就需要有意识地改变标准。

下面我来为大家介绍我或许有些极端的标准。

我的判断标准是事情"是否对我有影响""是否对我有好处",面对新闻等信息时同样如此。

以上文提到的名人负面新闻为例,因为对我既没有影响也没有好处,所以我会彻底无视。

不过,修改法律等事情会对我产生影响,所以我会非常仔细地查看此类信息。

另外,我也会查看有关案件和事故的新闻。虽然对我没有直接影响,不过想一想自己遇到那种情况时会怎么做,就能在陷入同样的情况时采取有效对策。

在人际关系方面,我会增加一个判断标准,那就是"我是否开心"。

我会与让自己不开心的人保持距离,重视在一起时让自己开心的人，并且看重言行能让自己学习的人、能给自己带来好处的人。

  当然，在职场和亲属关系中，也会存在无法轻易保持距离的人，不过只要坚持这样的判断标准，就能减少生气的次数。

11 不要因后悔而烦恼

　　做不到的人——后悔过去的选择和判断，浪费时间。

　　能做到的人——对过去的错误赋予积极的解释，从中吸取教训。

面对过去要赋予积极的解释，得到教训

没有人想要后悔。为了防止发生后悔的情况，当然要做出自己能够接受的判断和选择，需要有能够支持这种判断和选择的可靠依据。

但在未知状态下进行判断，依据往往不充分，大家都有过后悔的时候吧，这也是没有办法的事情。

可是，一直为过去的选择而后悔哀叹就太可惜了，因为过去的事实无法改变，只顾着烦恼就是浪费时间。

听了我的话，你可能会觉得"这些道理我都懂""要是我能做到就不会这么烦恼了"，其实重要的是改变过去所代表的意义。

只要将过去的错误转变为积极的意义，过去对你来说就会变得正确。也就是说要掌握将过去的事情和判断"在事后变成正确答案的能力"。

当然，这虽然像是在自圆其说，但只要能将错误转换成教训，至少能减少在想起过去的失败时就哀叹的情况。

哪怕是令人绝望的失恋，也能够转换成"这是为了遇到更优秀的异性"；哪怕没有考上第一志愿的大学，也能转换成

"我本来就是想要学习这个专业,专业比学校更重要"。

将过去的错误在事后变成正确答案的能力

以我自己为例,我曾经接受过税务调查,缴纳了超过500万日元的追征税款。

如果故意将与工作相关性低的灰色支出算成经费,虚报利润降低税额,就会构成逃税罪。但是对于什么样的支出可以算成经费,也经常会有人分不清楚。

我自认为间接对工作产生帮助的费用也有不少被指出不能算作经费。而且我还被指出漏算了从FX(外汇)中获得的利润。因为我中途更换了外汇公司,原来的外汇公司被其他公司收购后更改了名称,所以我忘记了。

于是,我原本收支平衡的纳税申请书在修改后变成了连续3年大幅盈利,结果缴纳了高昂的追征税款、滞纳金和过少申报附加税。

没有经验的人或许不了解,这件事对我打击很大。

可是我突然想:"既然决算数值这么好,我的房贷是不是可以通过审查？"

如果收支平衡，金融机构会认为我的钱勉强能够维持生活，从而很难通过房贷申请。其实在两年前，我申请过独栋房屋的房贷，尽管贷款金额还不到3000万日元，却依然没有通过。

因此我隐约觉得大概只能一直租房住了，当时的我确实住在东京一间月租15万日元的出租公寓里。

于是当时的我再次向银行询问，发现竟然可以融资1亿日元！于是我建了现在这栋住宅，同时用来出租，收到的租金可以抵销全部房贷。

也就是说，我在思考过眼前的困境能够转换为什么样的好处后采取了行动。结果多亏了当时接受税务调查，才能买下现在这栋没有房贷压力的房子，让一次失败在事后变成了正确答案。

我的性格不太容易烦恼，所以除接受税务调查之外，无论是注册会计师考试失利，还是大学毕业时没能找到工作，离开第一家公司时形同被开除、公司倒闭等，都没有让我灰心丧气（当然事情发生时还是会失落）。

我认为这还是得益于我具备将过去发生的事在事后变成正

确答案的能力。"多亏了那次失败,我才考上了美国注册会计师""多亏了那次失败,我才能转行进入外资咨询公司""多亏了那次失败,我才能成功的一个人自由创业"。

  我的例子或许特殊,但是在事后修正轨道、让结果变成正确答案的能力,确实是减少后悔、让自己继续前进的不可或缺的能力。

♥
 ♥
♥

第3章

自卑感

12 不要为自己没有专业技能而惋惜

做不到的人——无论经过多久都找不到好工作。

能做到的人——能重新审视自己的能力,得到金钱和自由。

放弃"专业技能绝对主义"

有不少人会抱怨自己既没有特长又没有强项,但这都是没能得到期望中的地位和收入时的借口。

因为没有特长,所以进不了条件好的公司;因为没有资格证,所以没办法升职;因为既没有强项也没有专业技能,所以找不到高收入的工作。对于说出这些话的人,我有四个问题。

第一个问题是:要想找到一份好工作,真的必须有特长、专业技能和强项吗?

大家可以看看公司的领导和同事。

他们或许确实有一些长处,比如认真、开朗、工作速度快、在公司内人脉广等。但大部分人都是非常平凡的人,并没有能称得上特长、专业技能、强项的地方。

再看看上层的总监、总经理、董事长又如何呢?他们中的很多人是不是虽然很能干,但是并没有专业技能,只不过是工作时间长从而熟能生巧的老员工。

当然,有些工作要求具备专业技能和公认的资格证。比如研究、开发等领域需要较高的专业技能,这些工作的待遇普遍较高。

可是这些需要较高专业技能的职业只有一小部分,大部分工作都需要熟能生巧，从经验中学习。实际上你的上司也是在刚毕业时进入公司，从初出茅庐的新人走到了现在的岗位。

因为竞争激烈，年收入不足500万日元的律师也越来越多。由此可以看出，有资格证和专业技能的人也不一定能找到好工作（当然能找到的概率确实更高）。

抱怨自己能力不足的人，坚信只要有一技之长就能找到好工作，觉得现在的自己只是碰巧没有任何专业技能，才会甘于现状；觉得只要取得资格证，自己也能找到好工作，这是出于自卑但是又不想承认的逞强心理。

这种思维定式经常出现在不努力却自尊心强的人身上，他们相信"自己不行只是因为碰巧没有资格证，不具备专业技能而已，并不是因为自卑"，只是为了掩饰内心的自卑感。所以大家应该认识到"没有专业技能"只是借口，从而改变因自尊心强导致的思维定式，从而放弃"专业技能绝对主义"。

"好工作"不过是幻想

第二个问题是：究竟什么是好工作？

我想好工作的条件之一是收入高，但是真的是这样吗？

举一个有些极端的例子，我认识一位有电工资格证的电工。他很能干，夏天每个月能赚300万日元，年收入能达到2000万日元。

那么，当我看到他在盛夏的酷暑中汗流浃背地在客户家里安空调时，我也想做同样的事情吗？（对不起，我不想。）

我还认识另一位经营汽车修理厂的人，年销售额能达到1亿日元（当然，他有汽车修理的资格证）。我到他的厂子里，看到他满身油渍地工作时，会不会觉得工资高的话我也想做呢？（对不起，我不想。）

或许也有人认为"好工作等于光鲜的工作"，但真的是这样吗？

比如做婚礼策划的婚礼咨询师。看起来光鲜亮丽，但是和美容业一样，婚庆业同样是业绩压力非常大的行业。

领导经常给下属施加很大的压力，员工不仅要拉到客户，还要让客户多选一些套餐外的项目。不少人觉得这是在欺骗客户，于是选择辞职，所以行业人员流动性很大。

当然，这份工作也需要大量加班。我在为自己的婚礼进行咨询时，我的咨询师必须不停地跟公司确认，有时还会哭着回来。看到她给我发送邮件的时间（当然是深夜），婚庆业的残酷可见一斑。

当你知道了乍一看光鲜亮丽的工作背后的艰辛时，还会想要去做吗？

如果你问想找个好工作的人，他们口中的好工作究竟是什么样的，答案大多是"周末双休、有年假、加班少，工作不那么辛苦。当然，我讨厌要出外勤或者肮脏的工作环境，但是年收入要高，福利要好"，大家觉得这样的工作存在吗？

你是从几年前开始抱怨的？

第三个问题是：你是从几年前开始说这些话的？

在商学院获得工商管理硕士（MBA）需要两年，只要认真，其他公认的资格证基本也都能在两三年内获得。尽管如此，为什么还有人在说这些话呢？

正如上文中所说，因为他们找借口让自己相信不是自己的错，只是自己碰巧没有资格证和专业技能而已。同时，他们不想努力，所以骗自己相信自己只是还没有拿出真本事。

既然没有特长和专业技能，那么从现在开始学就好。如今，公共职业训练制度已经很完善，能够用非常低的费用学到专业技能。

你真的什么都没有吗？

最后的问题是，你真的一无所有吗？

虽然用我自己举例有些不好意思，但还是暂且说一下吧。我有美国注册会计师的资格证，因为日本国内不认，所以除了进入外资企业工作之外，在其他地方都没有意义。而我在日本会计师事务所工作，所以这个资格证完全没有用处。

后来，我在便利店的总部当过店长，这份工作就连做兼职的高中生和大学生都可以胜任。

之后，我进入外资咨询公司。这份工作需要逻辑思考能力和沟通能力，专业知识和资格证几乎没有用处。

创业后，我做的是不动产投资，而投资只是我的个人兴趣。因为是用自己的兴趣创业，所以工作也只是保持在兴趣的程度。

第3章 自卑感

现在,我的工作是写书,我没有接受过写作训练,我写作生涯的起点只是创业前不久出于兴趣开始做的邮件杂志[1]。

另外,这本书以及过去的系列作品(《应该丢掉的40种坏习惯》《不做"好人",人生更顺》《享受孤独的力量》)都讨论了心理问题,但我既不是心理学家,也不是精神科医生。我写文章只是出于兴趣,我只是门外汉,靠的是自己的观察和分析能力。

我并没有值得夸耀的特长和专业能力,却得到了超过平均水平的自由和金钱。

就像心理学家阿尔弗雷德·阿德勒说过的那样:"重要的不是你拥有什么,而是你如何使用自己拥有的东西。"哪怕是看上去一无所有的人,其实也有自己拥有的东西,剩下的问题只是要在哪些方面、以什么样的形式利用它们罢了。

可能很多人觉得思考和试错很麻烦。不过还是在进行各种尝试之后再抱怨吧,首先要做的是增加行动力。

---

[1] 邮件杂志:mail magazine。发信人定期通过邮件发送信息,想阅读的人可以购买订阅。

13 不要为学历而烦恼

　　做不到的人——放不下自卑感，觉得自己是不能创造价值的人。

　　能做到的人——在能够发挥才能的领域，创造出价值很高的成果。

学历不等于人的价值

在昭和[1]时代,大学毕业生很少,所以很少会有人因为自己只有高中学历而自卑。

可是随着大学升学率的提升,如今大学生已经随处可见,开始出现因为毕业于F档等低档次大学(日本大学按照考试难易度排名划分为ABCDEF等档次,F档大学排名靠后)而感到自卑的人。

自卑感是相对的,不仅是F档大学的人,就像B档大学的人面对A档大学的人也会产生自卑感一样,人在面对更高档次学历的人时都会感到自卑。

当然,毕业于档次低的院校确实会成为引起自卑感的因素,在刚毕业找工作时容易成为不利因素;在联谊时,一说出大学的名字就会被冷落;自我介绍时说出"我毕业于××大学……",其他人就会窃窃私语。

因为这些情况,有人会考入知名度和考试难度更高的学校做研究生,通过改变最终学历来"刷学历"。

---

1 昭和:日本昭和天皇年号,时间为1926—1989年。

但是为什么从低档大学毕业会感觉羞耻呢？我想这是因为大家觉得学习不好的人价值低。

用学校的档次判断他人是没有意义的

可是冷静地想一想，大学的档次只是一次"学力诊断"，证明一个人高考那年的学力。

大家首先要明白一点，高考的结果只是18岁（应届毕业生）前积累的学习成果，与19～100岁能够积累的知识和经验相比不值一提。

十几岁的人思考能力和抽象思维能力都比较差，除了一小部分天才运动员和天才学生之外，大部分人能够获得和发挥的能力并不多。

可是进入社会之后，人们能够做的事情无论是从广度还是深度看，格局都完全不同。

建造客机、高速公路、石油化学设备的是20～60岁的成年人，他们大部分都不是天才，只是普通人而已。

公司，尤其是中小型企业的管理者大多在50～70岁（东京工商调查结果显示,2018年日本全国社长[1]的平均年龄为61.7岁),在这个领域,业绩比学历更重要。

我认为18岁前做到的事情只是微不足道的成果,社会并不会在乎这点成果。

而且我刚才用到了"学力诊断"的说法,而除了学力之外,人还有很多无法用考试检验的能力,比如领导力和创造力等。

能够对人的幸福感产生更大影响的同情心、情感表达,建立与他人之间关系的能力同样无法用考试来检验。

人们在成年后取得的成果要重要得多,所以用学校的档次判断他人是没有意义的。

你应该在哪个领域发挥才能?

摆脱学历自卑的方法之一,是尽早找到能够让自己发挥才能的领域。

当然,就算中途发生改变,或者找到了多个领域也完全没

---

[1] 社长:日本企业中的最高负责人,相当于中国企业中的总经理或首席执行官。

有问题，我希望大家始终拥有一个让自己能发挥价值的领域。

以漫画家为例，很少会有人强调自己毕业于哪所美术学校或者专科院校。读者中也不会有人在意人气漫画《海贼王》的作者尾田荣一郎毕业于哪所学校，或因为他毕业的学校决定要不要买他的作品。

评价漫画家的标准是画出的漫画是否有趣（能不能畅销），如果作品明明卖不出去，却骄傲地宣扬"我是东京艺大毕业的"，就只会引人发笑。

另一方面，作品卖不出去的音乐家，却有着根据毕业院校的等级进行评价的倾向。比如以东京艺大为顶点，然后是××音大等普通院校，或者强调师承关系，就算作品卖不出去也没关系，或许正因为卖不出去，才要用这种方式保护自尊心。

强大的格斗家平时大多温柔和气，同样是因为他们的价值是比赛场上的强大，不需要在日常生活中夸耀自己的强大，艺人和厨师同样如此。

人能够创造出什么样的价值，并不取决于学历，只要能做出有价值的事情，没有人会在意学历。

也就是说，只要尽早找到能够发挥自己才能的领域，就能明白学历之外的标准很重要，就能消解学历自卑。

14 不要因为容貌自卑而烦恼

做不到的人——与别人比较时缺乏自信。
能做到的人——能够从多方面评价别人和自己的魅力。

比较容貌是因为评价他人的指标太少

有人因为自己不如别人好看而烦恼，或者因为矮、胖等原因无法保持积极的心态，对自己没有信心。

如果这个阶段只是停留在十几岁到二十五岁之间，多少可以称得上是没有办法的事。因为这个年龄段的人处理人际关系的经验少，评价他人的标准也少，只能凭借外表、考试成绩、运动能力等容易分出优劣的点与他人作比较。

所以这个年龄段的人与别人作比较时容易感到自卑，或者过分在意容貌。我自己在上中学的时候，也曾经因为满脸粉刺而感到羞耻和烦恼。

可是长大成人后，随着经验的增加，我明白了人的魅力是多面的。比如温柔和可靠，还有在重要时刻不逃避、能够下决心的能力，能说出关怀的话语，不会因为小事而生气的从容心态……这些都是作为成熟的大人，会被别人重视的举止。

无论长相多么帅气，如果到了30岁还在说些肤浅的话（或者看起来肤浅），恐怕大家都会对他敬而远之吧。

也就是说，过分重视外表的人，评价标准很可能从十几岁开始就没有更新过。容貌不过是评价标准之一，大家应该意识到，人的评价标准应该是多角度、多层次的。

我是在上大学的时候意识到这一点的。

在打工的地方，一个比我小的女生向我告白，我们两个开始交往后我问过她："明明还有其他帅哥，你为什么选择我？"

"因为你说话很温柔。"我还记得她的回答让我很开心。

抱歉，说了些我自己的恋爱故事。正因为这件事，我不再关心自己的容貌。虽然我也曾经因为龅牙，犹豫过要不要做牙齿矫正，不过后来干脆地放弃了。

因为我明白了要想受到女性的喜爱，本质上更重要的是体贴对方，以及共情能力（我之前失恋时看了全套《城市猎人》漫画，意识到主人公狩羽獠被众多女性喜爱，很大程度上得益于他温柔体贴的性格，于是对受欢迎的男性形象有了新的认识，有了更深的理解）。

大家最好能尽早意识到这点。

执着于外表，视野会变窄

虽说执着于外表会让人视野变窄，但只凭借理论或许很难接受。所以大家可以试着在周末走进大城市车站旁边的咖啡馆，观察一下走在窗外的情侣。

你会立刻发现，美女竟然会和长得普通的男孩成为恋人，又秃顶又胖的男人也有妻子和孩子，还有女性比男性个子更高的情侣手挽手一起走，平平无奇的女孩会和帅哥在一起。

看到容貌一般的人也能结婚，想一想其中的道理，你就会明白容貌并不是决定性条件。

既然如此，为什么仍然有人会挑剔外表呢？这是因为他们太看重容貌，将容貌当成唯一的评价标准，从而看不到其他评价标准。越是执着于容貌，视野会变得越窄，最终只能看到容貌。

女性也许稍有不同，不过以男性为例，不受欢迎的人就算瘦下来也不受欢迎，受欢迎的人就算胖了依然会受欢迎。有些人看不到自己不受欢迎的原因并不是因为胖（瘦下来之后变得受欢迎的人，应该是因为其他原因，比如变得更加自信）。

可是因为视野狭窄，执着于外表的人自然会陷入"只要瘦下来就会受欢迎"的想法中。

这一点和女性"不想变老，想保持年轻"的愿望相似。

将年轻作为评价标准，就会认为"年轻是好的，变老是不好的",从而无法注意到女性应该具备的内在魅力,以及自己身上其他应该磨炼的地方。所以过分重视外表的女性容易看起来肤浅。

很多男性明明很帅,看起来却很肤浅的原因或许同样是因为轻轻松松就受到了女性的欢迎,没有危机感,觉得不需要在其他方面努力了。

虽然最后的建议与上文没有直接关系,不过我希望大家不要对抗年龄,我们要做的不是抗衰老,而是优雅地老去,让别人说出"我想像他/她那样变老"。

15 不要因为嫉妒而烦恼

做不到的人——让自己痛苦，和身边的人发生摩擦。

能做到的人——修正自我评价，集中精力做自己能做到的事。

嫉妒心强的人更自恋

嫉妒心强的人自恋程度也很高。这里的自恋指的是重视自己，认可自己。

当然，每个人都有自恋的一面，自恋与自我肯定、自我激励、自尊心有关，所以自恋本身不可或缺。

可是程度过高的自恋会导致自我评价太高，会对身边人对待自己的方式和对自己的评价产生不满，而过分表现自己。

认为自己应该得到更高的评价，认为身边的人应该更重视自己，自己应该是一流精英，自己应该得到幸福……这些都是过高的自我评价，所以当事人会因为现实与自我感觉不同而产生不满。

然而自尊心不允许他们降低自我评价。他们希望告诉自己"我不是无能的人"，并且让身边的人看到，希望得到认可，让自己安心，这种情绪会加强对他人的嫉妒心、厌恶感，导致他们做出强迫他人和明褒实贬的行为。

还可能表现为过分执着于高高在上的理想图景，但因为距离太远，于是讨厌自己，觉得自己肯定不行，结果变得自卑。

除此之外还有从一开始就不想努力的人，他们觉得自己只是还没有拿出真本事，只要去做一定能做到。资格证书考试没通过,他们会觉得"我只是没有付出十分的努力";虽然没有参加博士生选拔考试,但会自信地认为"我要是去考,名额一定是我的";同事升职,这类人会认为"这个项目要是给我做,我一定做得比他出彩"。

这种人虽然缺乏自信,但自尊心很强;虽然不想努力,但也不想被轻视;尽管已经放弃了,却不想被看不起;尽管能力没有自己想象中那么强,却受不了被身边的人小看。

容易被嫉妒心影响的人是不想努力却无法接受评价下降的人,所以永远会由于自我评价和他人的评价相互背离而产生不满,在看到事情做得好而受到称赞的人时会感到嫉妒。

普通人会面对现实,逐渐修正自恋的程度以及对自己的要求标准和评价,从而接纳自己。

可容易被嫉妒心影响的人无法做到这一点,就会感受到各种各样的痛苦。

修正自我评价的轨道,摆脱嫉妒心

我以前也曾经自认为是个有能力的管理者,结果却因自我认知和现实存在差距而苦恼。

"我明明这么努力，为什么员工都不理解我？""我做得这么好，为什么他们只会抱怨，只会说不公平？"结果烦恼越积越多，我最初的心态总是认为错的不是自己，而是员工。扭曲的自恋让我开始指责他人，总想把责任推给别人。

要想摆脱嫉妒的痛苦，就要修正自我评价，或为消解嫉妒而努力，或者同时做这两件事。

虽然非常困难，但是我们应该将嫉妒当成一种信号，说明有些事情进展得不顺利，或者有什么地方出现了问题，然后尝试分析原因。只要能够分析，就能找到解决方法。

修正自我评价时，我建议大家将现在的自我评价和现实作对比。

请大家首先在纸上写出自我评价，比如我希望变成那样，我应该是这样。然后罗列出现实情况和你心中的不满，将二者进行对比。

接下来要接受真实的自己与自我评价之间的差距，锁定自己应该努力的方向。也就是说，要积极地放弃自己。

在此之后，你需要踏实地专注于自己能够做到的事情，因为成就感能够在某种程度上满足自恋情绪。

因此，要将目前具备的能力投入到自己擅长的事情、自己喜欢的事情中。尤其是自己独立就能做到的事情，因为这样不容易受到周围人的影响，可以一个人默默去做，所以我推荐大家从这些事情开始做起。

第4章

职业规划

16 不要为没有得到好评而烦恼

做不到的人——在任何公司都会抱怨。
能做到的人——会做出恰当的努力来得到好评。

为什么"我明明那么努力"的说法很奇怪

"在公司里得不到认可""明明那么努力却得不到领导的好评""比自己差的人却更早升职""公司没有眼光",有些人会出现以上这些烦恼(抱怨或不满)。

如果你也有这样的烦恼,请分两种情况思考:一种是"自己是废物",另一种是"领导和公司是废物"。

首先自己是废物的情况。

你需要认识到一点,工作需要得到别人的评价,不是自己评价自己。

如果工作是为自己,那么只要自己觉得努力了,水平不错,能够自我满足就够了,可是工作基本上是为了除自己之外的人做的。

举例来说,销售工作是为了客户,坐办公室的工作是为了领导或者公司,那么自己的工作就需要拿出让这些人满意的成果。

既然如此,却认为"我明明那么努力",就说明你的工作观是完全错误的。如果不能改掉这种认知,无论去哪家公司都会得到同样的结果,你只会不断抱怨,发泄不满。

只有拿出成果,你的努力才会得到认可,如果结果不好,努力就不会得到认可，工作就是这样不讲道理。因为努力的方向和做法错误，导致无法做出成果，这种不恰当的努力是不会得到夸奖的。

这就相当于职业棒球运动员在说"我明明每天努力练习挥棒，教练却不认可我的努力，真是太奇怪了"。这是因为，击球员需要做的是站在击球位置上完成上垒和击球得分。

要求涨工资也是相似的道理。如果你能证明自己比身边的员工给公司贡献了更高的利润，那么就另当别论，只是自己嘴上说说，公司只会觉得厌烦。

真正得到认可的人如果提出辞职，公司一定会挽留，主动询问他们想要多高的工资。

另外，比自己差的人更早升职的情况，或许是因为他们实际上在背后做出了你没有看到的努力。

所以在嫉妒之前，先试着问问对方："你升职是因为公司认可你的什么地方？我也想跟随你的脚步。"或许有人会因为自尊心强而问不出口，但是你的自尊心能赚钱吗？恐怕只会起阻碍作用吧。

另外，面对销售成绩不如自己的人更早升职的情况，也有必要了解他们的优秀之处和公司的评价标准。比如向领导确认评价标准，就能知道公司是按照销售额、利润、拉新数量，还是指导晚辈的能力和领导力进行评价的。

如果你对自己得到的评价和待遇不满，可以找领导讨论。人事评价是领导的工作，是公司赋予领导的职权，领导有解释的责任。所以你可以坦率地请教，问一问自己有什么不足之处，应该怎样努力才能获得更高的评价。

如果领导给出的理由有明确的依据，能够让你接受自然最好，接下来就可以尝试按照领导的建议去努力；如果领导岔开话题或者敷衍搪塞，不愿意正面和你讨论，或者领导的解释没有逻辑，无法让你接受，那么很可能你的领导才是废物。

废物领导经常会偏心眼儿。

如果领导真的偏心眼儿，那么升职的同事和晚辈反而更可怜。他们可能会被分配到与实力不符的工作任务，最终因为拿不出成果而失败。

向领导的领导咨询求助

接下来是"领导和公司是废物"的情况。为了确认这一点，需要向领导上面的领导咨询。

"我希望领导能解释对我的评价，可是他的回答让我无法接受。所以我很烦恼，不知道应该如何努力和钻研，如何提高能力为公司作出贡献。"

如果更上层的领导能够为你安排合适的职位，给出你能够接受的解释自然最好。

如果更上层的领导也不为所动，或者敷衍了事的话，就可以得出结论，整个公司都是废物。这种情况下，你就可以为自己着想，考虑跳槽等方式了。

因为既然公司本身是废物，那么公司的前途将相当危险，你也很可能得不到成长，落到和公司共沉沦的下场。如果你是有能力的人，那么在任何公司都能够大放异彩。

17 不要抱怨公司的方针

　　做不到的人——在牢骚和不满中浪费人生。
　　能做到的人——能够准确判断，选择退出、呼吁或者忠诚。

是继续工作还是辞职都是你的自由

有的人会抱怨公司的制度不合理。

这里有一个大前提,那就是既然你有这么多不满,那么辞职就好。无论是继续工作还是辞职,个人完全可以自由选择。

说到这里,有人会反驳:"话是这么说,可是我找不到其他工作,所以只能在这里干。"不不不,只要你不挑,工作到处都有。

既然这么痛苦,就算暂时需要打工,也还是离开这家公司对你的心理健康更有好处。

那么为什么没有辞职呢?因为比起不满,其他条件(工资、正式员工的身份或者跳槽麻烦等原因)对你更重要。也就是说,是你选择了不辞职,保持现状。

公司不让你辞职同样是幻想。

劳动合同的内容或许不同,但一般情况下只需要提前一个月将辞职信递交给直系领导和人事就好。而且公司阻止员工离职的话,是违背劳动法相关规定的。

现代社会给了人们选择职业的自由,不会将任何人束缚在特定的公司中。如果不高兴,只需要辞职就好,完全不需要发牢骚。

对公司的回应方式有"退出""呼吁""忠诚""被迫改变"

世界著名发展经济学家阿尔伯特·赫希曼指出：成员（或者客户）对组织的回应方式有三种，分别是"退出、呼吁与忠诚"。

"退出"是指如果你感到不满，或者认为留在组织里对自己来说没有意义和价值，于是选择离开。

"呼吁"是指通过对领导和高层提出建议、进行内部汇报，促进组织的改善和活力，促使组织变成自己想要看到的样子。

最后，"忠诚"是指对组织表示敬爱（类似于爱公司精神），采取与组织同化和团结一致的态度。

我认为还有另一种方式，那就是"被迫改变"。既没有退出和呼吁的勇气，也并不忠诚，只是以阳奉阴违的态度留在组织里，也就是迫于无奈的打工者，但这种选择是在浪费人生。

所以如果你对公司既不忠诚，也没有呼吁的勇气，最好选择上文中提到的退出。

若你对公司有一些忠诚，对公司现在的做法有强烈的怀疑，希望公司变得更好，就鼓起勇气"呼吁（提出建议）"吧。

这种情况下，不要批判公司，不要说这里不行、那里不行，而是要提出具体建议，提出哪个地方应该怎样做会更好，以及你之所以这样想的逻辑和依据。

比起用语言表达，写成报告等文件或许更好（而且在整理的过程中还能明确看到自己的要求是不是自相矛盾）。

如果你认为就算提出建议也无济于事，那么只要转头退出就好。

无论选择哪一种方式，都是你的自由，因为没有人能够阻止你自己的想法。

18 不要为没有涨工资而烦恼

做不到的人——继续在前途渺茫的环境里抱怨。

能做到的人——了解自己所处的环境，获得合适的市场价值和收入。

正式员工也不涨工资的原因

"工资低（不涨工资）"是很多人的烦恼。

不同行业的业内状况和公司利润结构也在某种程度上决定了收入的高低。

举例来说，一家公司的年销售额是10亿日元，去掉原材料和办公室房租等成本，还剩下3亿日元。假设公司有100名员工，那么用最简单的方式计算，每个人的年薪只能达到300万日元，就算每个人的年薪有差距，也很难一个人拿到1000万日元。

站在管理者的立场上，还需要考虑其他员工的士气和分配不均会带来的影响，所以不能给特定的人过多优待。

销售额上涨的话则另当别论，但裁员则会导致剩下的人工作负担增加，并不是一件容易的事。而且基本工资上涨后会成为固定支出，当业绩下滑时，将成为公司沉重的负担，所以普通的中小型企业管理者更倾向于发奖金，而不是涨工资。

这种现象在临时工和兼职人群中更加明显。比如大家应该没有见过在便利店和餐饮店招募临时工的时候，开出5000日元时薪的情况吧。就算在人手不足的行业，时薪也有上限。再加上按照时薪制度，无论你多么努力，年收入都不会有太大变化。如果时薪1000日元，每天工作8小时就能拿到8000日元，就算一年工作300天，一年也只能拿到240万日元。因为工作时间有限，所以只凭借出卖自己的时间能得到的收入也有限。

工资是由你所在公司的利润结构决定的

与其他行业相比，在房地产和保险行业，头部销售中年薪超过1000万日元的人比比皆是。

因为房子的单价很高，假设卖出一栋3000万日元的房子的利润在30%，就能获得900万日元的利润。

就算每个月成交1笔，一年也能获得超过1亿日元的利润，减去公司的成本后，依然有不少钱可以分给销售。

在保险行业中，尽管单价低，但利润率高，所以累计下来的利润很多。而且保险没有库存，也就没有采购的概念，再加上人不会那么容易死掉或者住院，因此客户支付的保险金几乎都会成为利润，而他们会在几十年里持续支付保险金。

因此在保险行业，自然到处都能见到年薪超过1000万日元的办公室职员和年薪超过3000万日元的销售了。

也就是说，在经营利润率高和市场占有率高的产品的公司，或竞争对手少、在行业内有特殊地位的公司，或由个人努力决定报酬的公司工作，加薪的可能性比较大。

此外，在注重年龄资历的公司工作时要格外小心。

以报社和电视台为例，有资历的员工通常待遇更好，能拿到超过1000万日元的年薪，但在此类行业的结构中，吃亏的是年轻人和在承接外包项目的公司中工作的人。

在重视年龄资历的公司结构下，员工年龄导致了待遇的不公，所以有资历的员工可以过得稳定安心，但年轻人和在承接外包项目的公司中工作的人，加薪的希望就很渺茫了。

虽说如此，就算年长的人现在地位稳定，继续升职的可能性依然很低，而且年长的人面对裁员的风险更高。现实中也经常能听到空有头衔但年薪减少的情况。

有没有加薪的希望？希望大吗？

如果你对工资不满，就要看清你所在的行业和公司的利润结构，公司在业内的地位和发展前景，并且尝试客观地评价自己在公司中的位置。

比如加薪和奖金的决定因素是什么？如果是根据绩效，那么分配比例能达到多少……

在思考这些问题时，想一想自己有没有上升的空间。

如果上升空间小，想要加薪就只能跳槽去其他公司，或者转行去做其他工作了。

但是如果你没有过硬的实力，跳槽后收入很可能会下降。尤其是在按照年龄资历发工资的公司工作的人，跳槽后收入普遍会大幅下降。

因此，跳槽前，你可以向一些人才服务公司进行咨询，或者去猎头公司，根据那里介绍的转业案例，判断自己的市场价值。

19 不要因为不知道想做什么而烦恼

　　做不到的人——不知道选择什么公司,没有找工作的动力。

　　能做到的人——能专心做眼前的工作,找到目标和课题。

只要专注于眼前的工作,就能看到下一个目标

有的人虽然不喜欢现在的公司,想要跳槽,但因为不知道自己想做什么,或没有想做的事情而烦恼。

这样的人可能从小就是在欲望、兴趣和好奇心等方面受到抑制的环境下长大的。尤其是从小就为了考试一心努力学习的人,可能会渐渐听不到自己内心深处的声音。

既然感叹过去已经无济于事,就让我赶紧为大家介绍一个可行的对策吧,那就是专注于眼前的工作。你或许会觉得这个对策很简单未必有用,但其实相当重要。因为一旦一门心思地专注于某件事,就可能神奇地遇到下一个目标、下一个课题和下一个机会。

在就业(转行)活动中,不知道自己想做什么而无法选择公司、没有找工作动力的人可以先凭直觉找一个看起来还可以、自己应该能做的公司,在入职后专心工作,然后逐渐发现自己能做的工作和不能做的工作,有价值的工作和无聊的工作,擅长的工作和不擅长的工作。

在明白了这些之后,就会清楚自己接下来该做什么,是留在目前的公司继续升职,还是留在原岗位,是转岗还是换工

作，等等。

三个找到心仪工作的要点

对于依然找不到自己想做的事的人，我提出以下三个对策。

第一个是提高行动力。

嘴上说着没有想做的事情的人经验少，容易逃避新挑战。行动力不够，就无法了解自己擅长与不擅长的事情，不了解社会上有哪些职业。没有实际尝试过，就不会知道什么事情有趣，什么事情无聊，什么适合自己，什么不适合自己。

无论是工作还是兴趣，只有尝试过才能知道自己喜欢什么，自己适合什么，自己擅长什么。

因此哪怕只有一点点兴趣也要去尝试一下。就算没有兴趣，受到邀请时也可以稍微试一试，请大家去尝试未知的事情吧。

第二个是时时留意能够吸引自己的事情。

在日常生活中，有意寻找自己想做的事情，自己觉得有趣的事情，对能够吸引自己的事情保持敏感。

日积月累后，总有一天你会发现自己非常想做的事情是什么，会遇到自己想要尝试的事情。

没有人知道它们什么时候会到来，情况因人而异。但是只要始终留意，它们随时都有可能到来。当然，也有可能不来。但是如果你不留意，它们很可能永远都不会到来。即使到来，你也无法发现。

第三个是在前两个基础之上，你需要做的就是等待时机成熟。

以创业为例，如果以创业为目的急急忙忙起步，大多数情况下都会失败。如果明明兴趣不大，却加盟了某个品牌，很可能会因为销售额上不去而失去动力，最终选择放弃。人在想做某件事的热情没有达到沸点时，哪怕遇到一丁点儿困难都会气馁。

所以调查了很多、尝试了很多却依然没有找到方向的人，请你们想开些，现在只不过是时机还未成熟，请耐心等待机会的到来。

20 不要为选择大公司还是创业公司而烦恼

做不到的人——依赖公司环境,总有一天会走到绝境。

能做到的人——选择能发挥自身实力的工作。

大公司和有风险的创业公司,该选择哪个?

站在换工作和找工作的人生岔路口上,有不少人会为选择大公司还是创业公司而犹豫。我的经验是,从结论来看,"无论选择哪条路区别都不大"。

无论选择哪条路,只要走得顺利,都能得到较高的地位;要是走得不顺利,无论走哪一条路,结果都只是凑合。

所以就算你犹豫,也只能凭借主观意识思考"自己在那里能做些什么""在那里能不能做自己想做的事",根据直觉判断这个选择会不会让自己期待和兴奋。

迷茫的人可能会依赖外部环境,期待环境对自己造成改变,期待环境会给自己带来什么,认为会发生什么好事。

他们有着缺乏根据的侥幸心理,觉得外部环境会给自己带来些什么好处,比如"去了大公司,我说不定就会负责厉害的项目,成就一番大事业""去创业公司的话,什么事情都会交给我来做,说不定年纪轻轻就能当上高管"等。

这和职业陷入困境的人会选择去国外留学、去旅游的心理状态相似,是一种没有依据的变身愿望,认为只要换个环境情况就会发生改变。

可最后尽管能逃避一时，但回国后你就会被拉回现实，惊讶地发现自己和自己身边的环境并没有发生任何变化。

不仅如此，如果你没有明确的目标和计划，任凭形势自然发展，人事部门和面试官就会发现你的留学和旅行缺乏长远的规划性，你甚至有可能无法找到新工作。

明确自身的"职业观"

为了避免因过度依赖外部环境而影响职业发展的情况，在为职业选择感到迷茫时，首先必须明确自己的"职业观"。

比如明确你在做什么事情的时候会获得充实感，如果要发挥你的特质，那么什么样的工作能够让你满意等。当然，你的想法会随着知识和经验的增加而发生变化，所以需要通过思考来不断修正自己的职业观。

以我自己为例，后文中将详细介绍，我第一次就业之所以失败，恐怕就是因为做选择时太随意，只想着"既然我有日商簿记一级证书，就找个会计师事务所上班好了"。

做选择时，还应该充分了解自己的性格和喜好，不要期待环境能给自己带来什么,而是要考虑什么样的环境能让自己在工作中保持自我。

以我为例,因为我腼腆,还不擅长表达自己,所以与人际关系紧密、人数较少的创业公司相比,在容易掩盖每个人个性的大公司会过得更舒服。

中小型企业容易出现人际关系固定的情况,而我不擅长处理人际关系,因此更适合能够转岗,容易重置人际关系的环境。

如果没有明确的职业观,就没办法根据自己的价值观和特性作出职业选择。

这样一来,就很容易在作选择时受到别人的价值观的影响,从而根据公司的名称、工资和声誉等作出选择。

面向大学生的"就业公司排行榜"就是典型的例子,根据排行榜做选择的大学生会觉得某家公司似乎挺有名气,可以向身边的人炫耀,而且具有福利好、稳定等优点。

这不是在找工作,而是在找公司,你可能会因为不得不做自己不想做的工作而感到不满,不到3年就辞职。而且如果根据环境和硬性条件进行职业选择,很可能会走进死胡同。

在迷茫、烦恼中找到让自己满意的工作

尽管我在装模作样地告诫大家,但其实我也迷茫过、烦恼过。

我在大学时的目标是考上公认会计士[1],我考试时已经是大四的夏天,错过了求职黄金期,结果毕业时没能找到工作。

毕业后,我暂时成了自由职业者,我选择兼职工作的标准是能够一个人默默工作、可以重置人际关系。因为我腼腆又胆小,不擅长处理人际关系,所以我选择了大楼保洁的工作,或者在新开的居酒屋打工。前者是因为我能够一个人默默干活,后者是因为我无法融入已经建立的人际关系中。

后来我终于进入了一家会计师事务所,结果进公司之后不久便出现了好几次计算错误,无论我检查多少次,依然会出错,结果很快就被当成"没用的家伙"。因为我本来就是粗心大意的性格,所以不适合做需要精确到1日元的细致工作。

每天,我都会因为出错被训斥,下班后还会被叫到居酒屋听领导说教。因为压力太大,结果早晨起不来床,又因为迟到

---

[1] 相当于国内的注册会计师。

被训斥。我失去了活力，话越来越少，差一点患上抑郁症。

一年后，我再次因为犯错被所长和领导叫去责问，他们问我想怎么办，我只能有气无力地回答："我想……我会辞职。"

辞职后，我选择在便利店工作，接受面试后被3家公司录取，那么我应该去哪一家呢？

我选择了起步最晚的二部上市公司[1]（后来成为了一部上市公司）。

因为在起步最晚的公司，业务流程还没有充分固定，我想自己或许能做出一些贡献。有了上一份工作留下的惨痛教训，我觉得和一家成熟的公司相比，我或许更容易在一家正在发展的公司中活下来。

结果证明我的选择是对的，我的努力有了结果，得到了公司的好评。

接下来，我选择进入经营咨询的领域。

在接受了几家公司的面试后，我不再将职位级别、年薪高低作为选择的依据，我只关心是否能够锻炼自己，于是我选择

---

[1] 二部上市公司：根据营业期限、股本大小、盈利能力、股权分散程度区别于一部上市公司，在股本规模和交易活跃程度上不如一部上市公司。

了一家年薪比之前低，而我的级别和刚毕业的学生们一样的公司。

刚进公司时，我迟迟跟不上节奏，总担心自己不知道什么时候会被开除，但我还是咬牙坚持了下来，也得到了应有的好评，离开时的年薪已经达到了刚进公司时的两倍。

当然，无论是选择去便利店还是去咨询公司，如果我选择了其他公司，或许会得到完全不同的结果（比如比现在更成功），但是人不能同时选择两条道路，所以没有人知道另一种选择的结果。

可是无论最终选择了哪一条路，我觉得自己都能做得不错，因为我选择的任何一份工作，都是让自己能够满意的工作。

回到开头的话题，我所说的"无论选择哪条路区别都不大"，指的就是无论选择大公司还是创业公司，只要你做的是能够发挥自己的特长、让自己能够满意的工作，就能得到相应的幸福感和满足感，结果就是好的。

21 不要因为想创业却害怕失败而烦恼

做不到的人——把创业当成目的,混淆了手段和目的。

能做到的人——把创业作为实现自己想法的手段,过上富有创造性的生活。

创业时"容易成功的动机"和"容易失败的动机"

建议犹豫是否要创业的人重新想一想自己的动机，想一想自己为什么要创业。

创业的动机有很多种，但是我通过观察身边的创业者和想要创业的人，感觉动机分为容易成功的和容易失败的两种。

首先是容易成功的动机。

容易成功的动机来自创业者本人的问题意识，创业者会思考"这样做更好""那样做不对""或许可以提供这样的产品或者服务"，我感觉这是在成功的创业者中出现最多的动机。

另一种容易成功的动机是根据身边人的需求创业，比如身边人说："我在这种事情上遇到了困难，能不能麻烦你帮忙想想办法？"以这种动机创业的大多是自由职业者，完成了身边人委托的工作后，就会有其他人慕名而来，最后发展到一定规模。

其次是容易失败的动机。

容易失败的动机的典型例子就是以创业为目的的人，他们为了创业才想做一门生意，弄反了手段和目的。

为什么这样的动机容易失败呢？因为比起用户的需求，他们更重视自己想创业的欲望，视野就会变得狭窄，容易被刻板印象影响，认为用户一定对某种产品或服务有需求。

例如，有人认为必须防止老人"孤独死"[1]，所以要建立能够让大家一起守护老年人，让他们安心地迎来人生最后阶段的设施。

可是或许老人自己能够接受"孤独死"，那么究竟是谁规定"孤独死"是不好的呢？老人真的希望在身边人的守护下离开吗？或许有的人并不想让别人看到自己的遗容。

创业大赛中，经常能看到这种将刻板印象强加到用户身上的项目，因为这种商业模式将自己的想法放在了用户需求前面，所以几乎都会失败。

这种情况下，不要一个人默默构思（打着构思名义的妄想），而是要通过市场调查找到用户需求，询问潜在用户是不是真的会为你的产品或服务花钱。

这种创业动机和因不想给别人打工、不喜欢公司的创业动机是共通的，焦虑情绪会蒙蔽你的双眼，让你看不到商机。这样一来，加盟自己并不是真心想要做的连锁店，你也许会觉得说不定能行。想要辞职，想要获得自由的逃避心理会夺走你的

---

[1] 孤独死：指独自生活的人在没有任何照顾的情况下，死亡时无人知晓的状态，以老年人特别是高龄老年人居多，是人口老龄化的突出表现之一，在日本尤为突出。

思考能力，让你抓住一个想法不放，觉得"这款产品应该能做（再想下去太麻烦了，总之希望这款产品能够畅销）"。

当然，任何事情都有例外，也有人带着上面这样的动机出发后大获成功，但那真的是例外，而且大部分人几乎几年后就会销声匿迹。

正因为类似的成功罕见，才会被媒体大肆渲染，挑起了人们的幻想，但是那些成功只是很小的一部分。没有人愿意谈论失败，而且失败没有成为新闻的价值，所以媒体并不会报道。

我创业超过15年，见过很多人来了又走，很多人重新回去打工，也有很多人从此销声匿迹。总之，你应该在有了创业的想法和思路后，先进行一定规模的调研和考察，并找专业人士一起评估创业项目的风险，做了相对成熟的规划和企划书之后再行动。而不是为了脑中灵机一现的点子，或是逃避公司烦人的加班和业务，把创业当作"避难港"。这些都是不明智的。

利用网络很容易创业

或许有人认为我对创业的态度是消极的，但其实我对创业持积极态度，因为其自由度、充实程度和打工完全不同。

我在做了10多年打工人后独立创业，从房地产开始，经营过好几家公司。

现在我为自己工作，不需要通勤，想睡就睡，想起就起（准确来说，因为我要送孩子去幼儿园，所以作息时间还是相对固定的）。

至于工作，不过是写写文章、做做演讲、接受杂志采访等，每天的写作时间在两个小时左右，时间合适的话会接一些演讲和采访，生活非常自由。

说到我为什么能过上这样的生活，这是由我的收入结构决定的。

我有身为作家的一面，随时随地都可以写书、写专栏，稿件以电子版的形式提交，所以不需要通勤。

我还有些线上商务合作，广告和代言放着不管也会有收入。

另外，我还会进行一些投资活动，在房地产、太阳能光伏发电、外汇、股票和数字货币等领域都有。

这些工作有一个共同的特点，那就是几乎全都以网络为基础。只要充分利用网络，就可以不去公司、不与他人见面、不用雇用员工、不需要办公室，也能自由赚钱。

房地产和太阳能是真实存在的事物，但对于房地产，我只需要和物业管理公司用邮件交流就可以了，至于太阳能光伏发电，也只需要通过远程监视系统关注就好。

而且我可以通过手机应用软件进行交易，以前的我绝对想不到，自己几分钟就能赚到1万日元。

我有一位创业者朋友也不再像以前一样将人们聚在一起举办研讨会了，而是通过视频会议、运营线上沙龙等方式，不需要迈出家门也可以向全世界发送信息，并且凭借这种方式每年进账2000万日元。

我的另一个投资人朋友也几乎大门不出，虽然最近我们只能通过社交软件联系，不过他通过线上股票交易，资产已经超过了1亿日元。现在只靠分红，每年都能拿到几百万日元。

这是对传统劳动观和人生观的革命，可以说掌握了网络，就掌握了一件强大的武器。

工作的变化过程是"labor（劳动）"—"work（工作）"—"play（游戏）"，体力劳动者在labor，打工人在work，而音乐家、运动员则被分在play的领域中。

但我的感觉是，被强制工作的人在labor，不得不工作的人在work，因为想工作才工作的人在play，创业就是让一切事情都变成play。

创业是将自己改变世界的想法作为产品，自己命名、自己定价然后发售，是非常富有创造性的行为。创业是自我表现的终极手段，是自我实现的终极手段。从这种意义上来说，在自己的职业生涯中以创业作为手段，是一件有价值的事情。

第5章

人际关系

22 不要当"好人"

做不到的人——过分在意身边人的看法,最终筋疲力尽。

能做到的人——能表达自己的想法,建立更加深入的关系。

所谓"好人"是以自我为中心的人

在意他人目光的人，感觉社会不自由、生活艰难的人，其实是以自我为中心的人。因为这样的人最关心周围的人如何看待自己，眼里只能看得到自己。

费心费力为他人着想的人，有些也并不是因为温柔体贴，而是希望别人认为自己是好人、不想被别人讨厌，于是过于在意身边人的看法而已。

心理健康的人首先应该将自己的想法作为生活的主轴。优先考虑自己想做什么、不想做什么，喜欢什么、不喜欢什么，在此基础上尽可能不让自己的判断给身边的人添麻烦。

重点是"尽可能"，因为人不管做或者不做什么事情，都可能会给别人添麻烦。带着小孩子一起走在路上，身后的人或许会生气地大喊"好慢""挡路"。如果你对一个人说"你真厉害"，或许有人会开心，但是也可能有人会不高兴。

没有人会被所有人喜爱，每个人都有可能被别人讨厌。不存在绝对的善行，所有人都在给别人添麻烦的过程中生活。正因为如此，我们应该允许有人和自己不同。

你本来就不是为其他人而活的，不是为了不给别人添麻烦而活的。

为什么要如此重视别人的评价，以至于让自己筋疲力尽呢？为什么一定要让别人的看法来左右自己的幸福呢？

大家需要明白，我们不需要在意别人的评价，只要保持自我就好。

"好人"反而会被疏远

害怕被别人讨厌的人反而容易在人际关系中感到疲惫。他们在意别人的评价，想做个好人，不惜违背自己的心意也要附和、跟随别人的意见。

但是这样没办法建立起深层次的人际关系。因为不说真心话的人在别人眼里会变成"不知道在想什么的人""对我有戒心的人"，对方也不会走进你的内心。

不惜压抑自己的想法也要讨对方欢心，不仅得不到回报，甚至变成了让对方讨厌的行为。

我认为，要想建立亲密的关系，必须说出自己的想法。

当然，说出自己的想法后，可能会和有不同意见、不同主张的人产生碰撞，可是从某种意义上来说，世界上不会存在价值观完全相同的人，重要的是认可并且接受别人和自己不一样。不需要抗拒，也不需要厌恶，只不过是世界上也有那样想的人而已。

不能否认的是，确实存在无法接受别人和自己不同，气量狭小的人，这种人不会为你过上幸福的人生提供任何帮助。

所以遇到讨厌自己的人，只管让他讨厌自己就好了，能够减轻为维持人际关系所花的力气，这本来是一件好事，但是不想被别人讨厌的人却会为此烦恼。

要想消除人际关系中的烦恼，能选的有以下三种方法。

  保持现状，自己忍耐
  切断关系或者渐渐疏远
  改变自己的想法

第一种"保持现状，自己忍耐"，这种做法只会让自己筋疲力尽。当然，如果忍耐能得到就算筋疲力尽也值得的回报，那么另当别论，比如每个月能拿到500万日元的工资。但是如果没有高昂的回报，那么忍耐不仅不能解决任何问题，还很可能让你患上心理疾病，这是最需要避免的选项。

至于第二种"切断关系或者渐渐疏远"，对于上学时盛气凌人的朋友、妈妈友[1]，就算切断关系也不会带来任何不便。但是现实生活中比起自己主动切断关系，大家采取的应该更多是拒绝邀请、敷衍回应、减少接触等保持距离的方式吧。

或许有人会对疏远他人产生罪恶感，但是这种行为真的不好吗？就算自己和对方切断关系或者渐渐疏远，对方还会有其他自己不认识的朋友、熟人，所以不要把自己看得太重要。

让自己感觉不舒服的人、不得不忍受的人真的可以被称为朋友吗？这是理想的关系吗？当然不是，那么既然不是，你要明白为了靠近理想状态（也就是切断关系），疏远就是正确的做法。

营造放空状态，忽略对方的话语

如果做不到前两种，比如面对同事或者亲人，既不想忍

---

1 妈妈友：因为孩子在同一个班级而成为朋友的妈妈们。

耐，又无法切断关系或者疏远的时候，可以选择第三种，改变自己的想法，有意识地改变接受方式。

例如，就算对方挖苦讽刺，也要像柳树随风飘荡一样一笑而过，说些"啊，这样啊""或许你说得也对"之类的话。

要想毫无压力地做到这些，就不能把对方说的话放在心上。既然别人话中的内容会让你受伤或者留下不好的回忆，那就让自己处于放空状态，忽略对方说的内容。

做到这一点需要一定的训练，在熟练之前可以试着想想其他事情。在别人说话的时候想一想今天晚饭吃什么，或者回到家后要看什么电视剧、做些什么事情，这样一来会比较容易忽略对方说的话。

以我为例，我二儿子的幼儿园老师要求非常细，只要我稍微犯些错误或者做得不合规矩，就会鸡蛋里挑骨头。比如"不能穿破洞的衣服""入园的时候不能抱，一定要让孩子自己走""不能忘记带毛毯""如果要提前入园，必须事先联系""因为有传染疾病的风险，所以不能带着孩子的兄弟姐妹一起来""担心会出事故，也不能让孩子的兄弟姐妹在外面等"，等等。

这些要求相当烦人，每件事都会让我心生怒火，觉得一点小事明明不需要大惊小怪，细枝末节其实不必在意，或者一些小事可以更灵活地应对。但是因为幼儿园老师的指责是正确的,所以我很难反驳,也没办法打断对方。

于是我会把自己切换成屏蔽模式,入园的时候就说"是的""好的""拜托您了",傍晚接孩子的时候就说"是的""好的""再见"。

这样一来,不管幼儿园老师说了什么、提醒了什么,我都能心平气和地接受。

23 不要因为说不出想说的话
而烦恼

做不到的人——在意别人的目光,积攒压力。

能做到的人——能够说出应该说的话,能妥当地应对。

别人怎么想是别人的问题

我几乎不会在意别人怎么看我。虽然面对不同的人会斟酌用词,但是想说的话都会说出口,所以几乎不会感到不快或者遗憾。

别人怎么看我本来就是别人的问题,和我没有关系。当然我能够猜测对方的想法,会在某种程度上控制自己的行为给对方留下的印象。

可是在不同的情境中、面对不同的人,当我把对方对我的看法和我自己的利益放在天平的两端时,只要我判断自己的利益更重要,就会说出应该说的话,坚持自己的想法,我认为这样对我更有好处。

我举一个可能不太好的例子,我去居酒屋的时候基本都会选饮品自助,一般情况下,居酒屋会采取空杯交换制(在前一杯空了之后再点第二杯),但是如果迟迟不上,我就会故意一开始就点两杯。

当然,店员会提醒我店里采取空杯交换制,而我会投诉说:"因为很长时间才能上,而且你一杯一杯地端过来很辛苦吧?点两杯对我们都好。"

店员或许会认为我是个不讲道理的客人,既然他们没有直说，那么我就当那只不过是我自己的幻想。

如果店员的态度恶劣，只要下次不去那家店就好，毕竟能作为替代的店还有很多。

过分在意对方的想法只会让自己闷闷不乐

有的父母在投诉学校时会犹豫不决，因为不想被当成怪兽家长，担心孩子在学校会受到区别对待。

确实有家长会提出过分的要求，但是只要你认为你的要求是合理的，是为了孩子们好，那么如果不说出来，就只会一直感到闷闷不乐和不满。

从积极的方面来说，被当成怪兽家长反而会给对方制造紧张感，认为随便糊弄你的话会很麻烦。

你和学校的联系只有在孩子上学的这段时间，等孩子毕业后，几乎不会再有联系。

"但是，如果学校和老师讨厌我，会不会给孩子带来各种不利？"

或许有人会担心这一点。当然，老师也是人，我能理解他们不喜欢要求多的家长的心情，但是请放心，无论家长的态度如何，校方都不允许老师对孩子们区别对待。

如果孩子真的受到了不正当的对待，只要收集证据投诉就好。毕竟小学6年，初中、高中都是3年，时间过得很快。

如何看待自己和身边人的关系，什么是重要的人际关系，想法因人而异，但是只要做好心理准备，想清楚"被他人讨厌对自己有什么损害""在受到损害后应该如何处理"，就不需要过于在乎对方的想法，让自己陷入焦躁情绪。

不要被别人的价值观和评价标准影响

"是我朋友的话就去做""你是晚辈，要听我的话""看在我们是老乡的分儿上"，这种会平白无故提要求的人，本来就没有交往的价值。

当然，如果你对对方有亏欠的话就另当别论，但是只要是对方向你提要求，不付出任何报酬就想让你无偿劳动，是非常没有礼貌的态度。

正派的人绝不会让别人白白替自己做事，而是会说些"只是一份薄礼，还请笑纳""我给你买了点礼物""作为交换，下次我帮你""下次我请你喝一杯"之类的话。

另外，有人会抱怨被别人轻视、看不起，可是你的能力和人格并不会因为被别人看不起而下降。看不起你的人或许只是心理不健康、必须靠贬低他人而活，这是他自身的问题，我们完全不需要将别人的问题揽到自己身上。

重要的是你自己的想法，有的人会因为受到轻视就贬低自己，这是活在别人的评价标准下的生存方式，所以不要被这种生存方式影响。

因此你如果生气，就要反驳，说些"你的想法真令人遗憾""你的语言太贫乏了，真可笑"之类的话。如果你觉得麻烦，可以左耳朵进右耳朵出，不再靠近会轻视他人的人。

如果有人传播诽谤中伤你的话，可以报警发起民事诉讼，要求对方承担法律责任。

成年人的武器是法律

我之所以意识到要毅然坚持应该坚持的事情，是因为我学习了法律。只要具备法律知识，遇到麻烦时就不会害怕，能坚持自己的想法，在谈判时拿出强硬的态度。

举例来说，如果你是实业家，就有可能被卷入到各种各样的压力和麻烦中，比如有同行业的其他公司恶意竞争，或者有人为了得到有利条件威胁你，或者还可能与劳动者之间出现纠纷，等等。你需要避免在不知情的情况下做了某些违法行为而导致败诉。

不过只要具备法律知识、了解法律程序，就能知道处理方法，大胆应战。

懂得法律知识还能帮你处理和邻居之间的纠纷，或者在购物等日常生活中发生问题时维护自己的利益。

举例来说，在购物时，只要你明白诱导消费、虚假营销是违法的，就可以避免因为害怕而给不良商家付款的情况。

懂得法律知识也能避免因为擅自剪掉了邻居家伸进自家院子的树枝，结果被邻居起诉的情况。

因此大家不仅要了解工作及日常生活中必须掌握的法律知识，还要广泛了解与自己有关的其他法律知识，哪怕了解得不深也没关系。

实际上，我真的拿着《幼儿园保育方针》和幼儿园争吵过，而且我大致了解《防止霸凌对策推进法》，万一出事，还能拿起法律武器与对方战斗。

只要具备法律知识，就能避免各种各样的风险，并且妥善应对。只要风险减少，大家就能过上愉快舒适的生活。

请大家想一想我们成年人为什么要学习法律，抽时间看一看法律书籍吧。

24 不要害怕在职场上被孤立

做不到的人——为无法融入集体而感到痛苦。

能做到的人——专注于拿出成果,为自己创造出一席之地。

在公司专注于拿出成果

我不知道身边的人怎么想,但我在职场上是比较容易被孤立的。

因为我不习惯和同事一起吃午餐,或者加班时一起吃晚餐,就算有人要请我,我也总是拒绝。我跟不熟的人相处不自在,吃饭时会因为找不到话题而痛苦,所以一个人吃饭更轻松。

当时我并没有意识到这一点,现在想来,恐怕是我自己散发出了独行侠的态度和孤独的气场。

应该也有像我一样在职场上被孤立、无法融入集体的人,但是大家没必要因为被孤立、被排除在集体之外而感到痛苦。因为公司是工作的地方,需要你在工作上拿出成果。只要你没有主动打破职场的和平、没有制造出紧张的关系,那么就算和同事关系不亲近,但是只要在工作上拿出成果,就能得到公司的认可。

在公司,只需要在工作需要时和同事交流就足够了。思考如何处理职场上的人际关系,一个人孤独地吃午饭太难过,如何融入集体之类的事情只会让你感到痛苦,所以大家不需要考虑这些事情。

在职场上，更重要的是全力拿出成果。工作能力强的人会得到身边人的好评，找到自己的一席之地，淡化被孤立的感觉。

而且就算不擅长与人交往、不会活跃气氛、不会说话，别人也只会觉得你就是那种性格的人，认为那是你的个性。大家不要把精力放在职场人际关系上，而是要专注于拿出成果。

不要表现得太冷漠

即使不必因在职场上被孤立而感到痛苦，但也不要总是表现出一副太冷漠的样子。如果你散发出拒人于千里之外的气场，就会给别人留下不好接近的印象，也很难做出成绩。

如果让别人觉得你在排斥他人，或者总是带着戒心，就可能会给你带来损失，所以要表现出你只是内向老实而已。

比如让别人看到你总是带着微笑，回话时很有活力。有人和你说话时，要暂时停下手头的工作，扬起嘴角微笑地回答。

尤其是我以前一旦不说话，别人就会觉得我很严肃，皱起眉头就会让别人觉得我在生气,所以我会尽量在别人面前保持笑容(虽然不能时时刻刻做到)。

另外,虽然这种说法或许有些老套,但还是要对身边的人心怀感激。具体来说,就是养成道谢的习惯。

除非感谢是为了挖苦,否则所有人在听到谢谢时都会开心,只要你养成道谢的习惯,别人就算没有对你产生好感,至少会觉得你是个体贴周到的人。

这样,当你独自一人,或者孤零零地站在一群人中的时候,身边的人就有可能来关心你,和你搭话。

你应该也能想到一些场景吧?当一个体贴的人看起来很寂寞的时候,总会有人关心他,问问他出了什么事。

所以越是觉得孤独和被孤立的人,越要注意向身边的人表示感谢。

25 不要因为无法离开圈子而烦恼

做不到的人——不满越来越多,为与不重要的人保持关系而纠结。

能做到的人——行使选择权,把时间留给重要的人。

我们可以自由选择人际关系和圈子

明明有想离开的圈子、想辞职的公司、想切断的关系,很多人却因为无法离开而烦恼。比如妈妈友、自治会[1]、家庭、亲戚等人际关系,总会有人抱怨无法摆脱、不能主动离开、不得不维持关系、不得不服从要求。

可是没有人规定你必须从属于某个组织,也没有人规定你不能离开,没有人规定你必须做什么。这些都是你自己的思维定式。

作为一个经济独立的成年人,本来就应该可以自由选择职业、住所、交往的人以及所属的圈子。

长大成人后,如果你不喜欢乡下的生活,就可以搬到大城市,可以选择自己想去的学校,也可以退学,还可以随便换工作。

只要不犯罪,就没有什么事情能束缚你,别人没有权利限制你的行动(如果有人以暴力、威胁或者限制人身自由的

---

[1] 自治会:居民基于地缘关系自发组建的社区居民自治组织,相当于日本社会治理的最小单元,和中国的居委会相似。

方法强制你做事，就违反了刑法，构成"强迫罪"，需要接受处罚）。

举例来说，有人会说："我想摆脱妈妈友的圈子，却没办法离开。"其实交际圈本来就应该是因为性格合得来、关系好的人自然而然组成的，和志趣相投的人聚在一起才会感到开心。

可是，因为孩子碰巧上同一所学校、上同一个年级，哪怕不愿意也要组成妈妈友的圈子是没有道理的。

或许有人会担心一旦离开这个圈子，孩子会受欺负，或是得不到珍贵的信息。可是孩子之间的人际关系与父母是否合得来无关。

如果其他家长不让他们的孩子和你的孩子一起玩，你只要告诉自己的孩子："这是妈妈们之间的问题，不是你们之间的问题。所以你们不要在意父母和其他家长的关系，开心地玩耍就好，把这些话也告诉你的朋友怎么样？"而和学校有关的信息只要询问班主任就好，至于其他信息，网上也有当地的交流网站，只有在妈妈友的圈子里才能得到的特殊信息并没有那么多。

朋友之间同样如此，如果你厌倦了总是听朋友抱怨，或者对朋友不谨慎的发言感到焦躁，只要和他们保持距离就好。把让你感到不愉快的人当成真正的朋友本身就很奇怪。

你真的想辞职却辞不了吗？

有人会说领导不让我辞职，但领导只有合法解雇员工的权力，却没有权力阻止想要主动辞职的人。

你只要把辞职信放在领导的桌子上，一个月后就可以不去公司了。无法说出"我想辞职"，是因为不想看到别人的拒绝，担心自己现在离开会给其他人添麻烦，担心留下的人会在背后指指点点，担心别人觉得自己不负责任。

这些恐怕是所有想离开某个组织或团体，却没办法离开的人们共通的恐惧吧。

也就是说，就算自己被逼到绝境，就算自己心有不满，他们还是非常"想做一个好人"。

可是这些想法不过是你自己没有根据的妄想，是对他人想法的猜测。

实际上就算在这种情况下你当个好人，也没有人会给你回报，或者感谢你。

而且辞职后就算别人说了什么，也已经和你无关了。留下的人怎么想，只需要留下的人去关心。无论他们怎么想，也不会给你带来任何的好处和坏处，他们已经是无关紧要的陌生人了。

"自己离开后会给其他人添麻烦"，这样的担心同样是多余的。

如果你离开了，工作会交给别人来做，或者委托给其他公司的人。觉得公司没有你就不运转了，不过是自恋的想法罢了。

说到底，如果你真的那么重要，就不会受到会让你想要辞职的待遇了。正是因为公司认为你不重要，你才会得到不受重视的待遇，身处不受重视的环境和情况中，才让你产生想辞职的念头。

在遭到冷遇的公司和组织中奉献自己宝贵的时间，属于对人生的浪费。社会上还有更多能够给你带来愉悦的公司和组织，只要选择它们就好。你不需要为了表现得成熟，而放弃选择的权利。

26 不要独自承担家务

　　做不到的人——因为独自承担而筋疲力尽。
　　能做到的人——得到家人的帮助，有效利用各项服务，过上幸福的家庭生活。

就算是家人，也必须说出口

如今，有全职主妇的家庭正在减少，夫妻共同工作的家庭越来越多。我认为今后将延续这种趋势，双职工家庭将成为主流。

我最近常常听到妻子抱怨明明两个人都要工作，丈夫却不帮忙做家务带孩子，让自己筋疲力尽。这是一个现实问题，因为妻子的家务和育儿负担往往更重。

可是我认为如果两个人之间不能相互支持，家庭就失去了存在价值。实现妻子的愿望、支持妻子在社会上充满活力地工作是丈夫的义务。

妻子不是保姆，也不是育儿嫂。丈夫要发光发热，妻子和孩子同样需要。只有全家人都能发光发热，相互尊重认可、共同合作，才是真正的家庭。如果没有达到这样的关系，那么就只是单纯的同居人，失去了在一起的意义。

虽说如此，做不到这一点的夫妻依然占据多数，所以大家首先要说出自己想要什么。

有人会说明明是一家人，可他/她却不了解我，我不说他/她就不懂。可是对方又没有超能力，怎么会一直都知道你心里在想什么呢？

理想状态应该是在进入育儿阶段前，比如生孩子之前，知道怀孕的时候，或者计划生二胎、三胎的时候，夫妻俩商量好如何分担家务。

也许就算当时商量好了，很多家庭依然会变成"丧偶式育儿"，因为丈夫总是加班到很晚，或者就算妻子说了丈夫也不帮忙。尽管可能出现这种情况，但我们还是要勇敢说出口，因为只有说了才有改变的可能。

"爸爸参与"的育儿模式

有些妻子从一开始就会放弃，原因是由自己来做更快，丈夫做事太马虎，跟他说太麻烦，没力气说服他，等等。

如果能做到，还是要让爸爸参与进来。

首先，请爸爸完成具体的小任务。比如在3片尿布上写好名字放进双肩包里；把当天要扔的垃圾放在门口，让丈夫出门时带走，等等。可以从这些小学生都能明白的小任务开始，然后逐渐积累。

其次，当丈夫能够完成一项任务后，就请他做下一项任务，扩大他的能力范围。

在此之后，也有家庭会制作"家务育儿分工表"贴在冰箱上。

在爸爸参与育儿的过程中，重要的是不要生气、不要抱怨、不要挑刺、不要责备。比如不要说些"你为什么不帮我？""不应该这样做！""为什么这么马虎！""这种小事你做不到吗？""一件事情你要让我说几遍！"之类的话。

如果在每件事情上都要挑刺，丈夫就会感到失望，觉得"我好不容易帮一次忙，却要被骂！""既然不满意，那一开始就自己来做啊！"。

就算是一家人，措辞依然很重要。不要命令或者发牢骚，而是要用请求的口气让对方做事，比如："帮我叠一下衣服吧，谢谢你。"另外，不要一开始就要求对方做到和自己一样的水准。如果对方把衣服叠得满是皱褶，做事粗糙，没办法做到和自己一样，我们确实会觉得生气，但是要理解人刚开始做的事情不可能完美。就算生气，也要有逐渐培养的耐心。我明白大家忙了一天，没办法做到这么从容，也理解大家觉得做到这个地步太麻烦，不如自己动手。

可是如果不让丈夫参与到育儿的过程中，妻子总有一天会累倒。

可以考虑雇用育儿嫂，利用家政服务

如果丈夫依然不愿意分担家务，或者丈夫工作太忙没办法参与，请大家选择利用各项服务，也就是雇用育儿嫂，利用家政服务等。这样一来，妻子就能一个人兼顾家务育儿和工作了。

虽然要花钱，但是育儿的困难阶段只有几年，最多到小学低年级为止，大家只要想通这是暂时性的支出就好。

我认识的一名女性编辑在生下第二个孩子时说："我的月薪基本都用来付家政服务和育儿嫂的钱了。"但是她并没有停止工作，而是可以二者兼顾，在育儿的工作告一段落后当上了总编，年收入超过1000万日元。

我家孩子在上幼儿园之前，每个月光是育儿嫂的费用就超过了20万日元，而且还在利用家政服务。

我的想法是与其在做家务上花时间，不如用这段时间工作，还可以挣到更多的钱。

家政服务不仅可以做打扫、洗衣等家务，还能提供准备一周的饭菜的服务，这样一来就省去了下班后买菜做饭的时间和精力，而且比下馆子和买超市的成品菜健康得多。

育儿嫂也可以提供幼儿园接送服务，就算父母需要加班也可以放心。

不少人不喜欢外人到自己家里来，不过如果每次来的都是同一个人，就会渐渐熟悉，变成像妈妈友那样虽然彼此之间有距离，但是可以坦率交流的关系。

也有人对于把孩子交给育儿嫂这件事产生罪恶感，但这是很平常的事情，大家应该抛下这种刻板印象。如果把孩子交给育儿嫂是坏事，那么送到幼儿园也会变成坏事，但其实这样做并不会阻碍孩子的生长发育。

而且如果因为上面提到的原因拒绝利用各项服务，就没有资格对丈夫不参与家务育儿提出不满。因为是你主动排除了有用的选项，所以你的不满是无意义的，只是任性而已，说得严重一些，就是你太自私了。

请别人到家里来帮忙，将自己从家务劳动中解放出来；还是带着不满，像以前一样被家务和育儿逼到绝境，大家认为哪种选择对家人更好呢？

父母的情绪稳定是育儿中必不可少的元素

或许丈夫会提出反对意见,但反对利用社会提供的服务的理由基本上都是没有根据的。比如"家务和育儿应该由妻子来做""不顾家的妻子就失去资格了""请人浪费钱"等,这些都是人们的固定观念或者刻板印象。

利用社会提供的服务本来就是用金钱购买时间和劳动力的合理行为,用钱换来的是与家人相处的时间和从容的心态,对家庭稳定来说非常重要。

所以无论是外资企业的员工,还是国内企业的员工,很多家庭都会请育儿嫂,并且同时利用家政服务,这在双职工家庭是非常普遍的情况。

而且对孩子的生长发育来说,尤其在幼年时期,最重要的是父母的情绪稳定。心理健全的父母才能培养出心理健全的孩子。

如果母亲因为忙碌而失去了内心的从容,就没办法耐心地面对孩子。孩子会敏感地体会到母亲的情绪不稳定,因为顾及母亲的情绪,自己的情绪也会变得不稳定,于是有可能会缺乏自我肯定,甚至出现依恋障碍。所以为了让母亲能够给予孩子充分的爱，如果父亲没有办法帮忙，就应该利用各项服务。

回归职场可以创造更大的职业可能性和机会

我认为如果女性重视生完孩子后的事业，那么就算丈夫和丈夫的家庭反对，也应该在产假和育儿假结束后回归职场。

有人会以生孩子为契机离职，可是如果事业中断，和社会脱节后，想要再就业将会非常困难，之后能赚到的钱也很可能会大幅下降。

不仅是金钱方面，女性如果继续工作的话，还能有机会像上文中提到的编辑那样提升自己的职位和能力。

而且如果女性和孩子一起被关在狭小的世界中，视野就会变得狭窄，得不到满足感。而通过工作与社会接轨，则会感受到自己的存在价值。

育儿很重要，但是母亲也有自己的人生。孩子总有一天会离开父母，而母亲的人生还要继续。

不惜牺牲自己也要为孩子倾尽全力是很多父母的本能，从中确实能够得到喜悦。可是一旦感觉到自己做出了牺牲，就一定是哪里出现了问题。

另外，如上文所述，有人会对把孩子送进幼儿园产生罪恶感，其实幼儿园也有好处。

孩子在幼儿园里可以和很多孩子一起生活，能够培养社会性，与和母亲单独相处相比，能够接触到更丰富的语言环境。

老师还会给孩子们读绘本，有运动和学习韵律操之类的教育时间，幼儿园提供的食物经过了营养师的搭配，比父母做的饭营养更均衡，还会帮助孩子掌握换衣服、上厕所等独立技能。虽然孩子可能会接触到各种各样的病毒，容易生病，不过也能因此提高孩子的免疫力。

白天孩子离开身边，还能让父母心态更加从容，在晚上给予孩子充分的爱。"3岁前的孩子最好让母亲带"的迷信完全没有科学依据。

如果母亲30多岁，那么职业生涯还有一半以上，为了几年的育儿时间放弃漫长的职业道路未免太可惜（因为孩子到了小学高年级，比起父母会更愿意和朋友在一起）。

所以我的立场是如果妻子生育后想工作，那么一定是选择回归职场更好。

第6章

金钱

27 坚持储蓄，不乱花钱

做不到的人——在重要时刻没有钱用。

能做到的人——可以把钱用在真正重要的事情上。

为什么必须存钱？

似乎有不少人为没有存款、总是存不下钱而烦恼，网上那些"30岁前存下××万日元的方法""人均存款××日元"的文章很受欢迎。

大家有一个刻板印象，相信存款至上主义，认为不能没有存款、存款很重要。

当然，"不管怎么说，谁都不知道未来会发生什么，所以需要一定的准备"这种说法没错。尤其是在失业、收入减少的情况下，如果存下的钱是作为"生活费的保险"，那么大约需要存能支撑1年左右没有收入的生活的金额。比起存钱的观念，更重要的是存钱的目的，究竟为什么存钱，以及具体金额，也就是为了达成目标需要多少存款。

确定目的和金额后，我推荐的方法是"强制存款"。

将用剩下的钱存起来很难做到，可如果一开始就留出想存下来的钱，存款就会自动增加。

举例来说，如果公司有财产积累储蓄，可以先行扣除部分工资存起来，就可以强制性地存下钱来。或者像储蓄型保险和定额年金那样，买保险也是有强制力的攒钱方法。

不过这些都是长期存款，目的是买房或者养老，缺点是没办法在想用的时候马上拿出来用。

更方便的是网上银行等提供的定额转账服务。只需要存入工资，就会瞬间将一定的金额转入另一个账户存起来，需要的时候则能够自由使用，能够强制性地存下钱。

你有没有买不需要的东西？

存不下钱的人容易在不需要的地方乱花钱。

周末逛商场时，我看到很多顾客手里提着纸袋，总是会想他们为什么买那么多东西？

我的衣服能穿到破，所以一年到头几乎不需要花钱买衣服。鞋子也会一次买几双同款，只要不坏就能换着穿。旧T恤还可以在冬天叠穿（可能有些极端……）。

100日元店里也会有很多客人，如果问他们买的东西是不是现在一定需要？恐怕他们的回答都是"不"吧。

接下来，请你环顾自己的家。如果屋子里充满了好几年都没有用到过的东西，就说明你买来了好多破烂儿。

如果你真心想存钱，就应该只买那些"没有会很麻烦"，或者"不买会造成实际伤害"的物品。这样一来，你就会发现需要买的东西并不多。

只要下功夫就能存下钱

买东西也需要下功夫。

举例来说，有不少人会在家电专卖店买东西，就算专卖店里可以砍价或者返积分，但几乎所有电器都是在网上买更便宜。如果能够巧妙地利用返利网站、自动支付、二维码付款、折扣券等，还能得到两三倍积分，得到实质性的折扣。

还有手套、围巾、泳衣等第二年需要使用的季节性产品则可以在反季时以非常便宜的价格购买。童装很快就会小，不必买价格昂贵的品牌服装，可以买舒服的、具有性价比的服装。

另外，如果能巧妙地应用某些软件折扣社群，就能以极低的价格购买，甚至免费得到想要的东西。

只要不是需要在工作中大量使用手机的重度用户，那么买一个便宜的手机就足够了。

因为我家没有电视，所以不需要交收视费，因为不订报纸也不需要报纸钱，一年就能省下超过6万日元。

在网上搜索调查后，能发现很多进一步降低生活成本的省钱方法。接下来需要做的只剩下和"嫌麻烦"的情绪做对抗了。

28 不要为养老而烦恼

做不到的人——会因为隐隐的担忧而焦虑。

能做到的人——能够想好对策和备用方案,度过充实的人生。

锁定为养老感到担忧的原因

很多人会为养老而担忧。但是只说养老太笼统,所以需要具体锁定是因为养老的什么方面而担忧,比如担忧健康、担忧金钱、担忧房子、担忧孤独,等等。

很少有人会说"我有10亿日元,但是我为养老感到担忧",所以只要有钱就可以住进豪华的养老院,享受健康的饮食和恰当的医疗及看护服务,和养老相关的担忧会大大减轻。

之所以会感到担忧,还是因为看不见未来。

要想消除这些担忧,应该多准备几个"详细对策"和"备用方案"。

详细对策是指比较保守地计算自己预计能拿到的养老金、自己的生活成本、可以存下的钱、退休后的预计收入,并在此范围内安排自己的生活。

先是预计自己能拿到的养老金,根据各省份的养老金政策可以算出自己大概的养老金,然后自己的生活成本也可以大概算出来,花的钱应该没有工作的时候多。

看看每个月的存款,如果坚持到退休年龄的话可以存下多少钱?

退休后的预计收入是假设退休后还能继续工作，每个月能够得到的收入（因为不确定能不能重新找到工作，所以再就业是比较保守的算法）。

下面我来为大家介绍在此基础上可以准备的事情。

必须加入社会保险

最重要的是养老保险。有一笔能一直拿到老的钱还是会让人安心一些。尤其是工薪阶层，加入养老保险很划算。因为公司会承担大部分的社保，公司为员工支付的养老保险金额加上从工资中扣除的个人缴纳金额，相当于员工得到了更多的保障。

如果夫妻两人一直是正式员工，只要生活不奢侈，就不至于过得拮据。

买属于自己的房子

如果一辈子租房住，就必须从养老金里面省出房租，因此可以想见在城市中生活就会变得辛苦。那么想在城市中过老年生活的人，最好在工作时买一套属于自己的房子。

只要在退休前还完贷款，就可以大幅减少老后的居住费用。就算没钱，至少不会没有地方住，这也会让我们安心一些。

虽然房贷是负债，但是也可以当成预先为年老后支付的房费，因此可以用不会给生活带来太大负担的金额买一套房子。

更方便的是，房子以后可以卖也可以租出去，到了老年可以有更多选择。

还可以在退休后搬到乡下或者小城市。那些地方人少房多，房租很便宜，而且未来有了自动驾驶汽车，网购也很方便，除了需要频繁去医院和生活需要照顾的人之外，小地方的生活不会有太大不便。

到了退休年龄后也可以继续工作

随着平均寿命的增加，健康寿命也在增加，退休后的年纪已经不属于老年，还只是中年而已，所以不需要将公司退休制度套在自己的人生上，就算到了公司规定的退休年龄，依然可以继续工作。

要想过上充实的人生,最重要的是保持自尊,比如不要与社会脱节、成为被别人需要的人、帮助别人、自己赚钱,等等。

而且工作可以让生活保持紧张感,降低生病的风险,能降低年老后的医疗费负担。

如果可以预测到年老后找不到工作,我们就更应该从现在开始锻炼自己,成为退休后依然能够得到雇佣的人才。

提高专业技术水平,就可能在未来成为管理顾问,以外聘专家或者顾问的身份工作。例如事业战略、扩大销路、生产品质管理、海外进出口、风险管理等专业领域,都对顾问的年龄没有硬性要求。

还可以找一个能够随时创业的副业,只要自己创业,就能工作一辈子,不需要考虑退休和再就业。

创造不需要依靠自身劳动力的收入来源

这里所说的收入指的不是副业,而是股票分红、通过房地产投资得到的房租收入、其他金融产品的利息等,也就是所谓的"不劳而获"。

为什么需要这部分收入呢？因为只靠存款生活很恐怖，无论有多少钱，看到每个月余额都在减少的存折还是会郁郁寡欢。

另外，就算现在身体健康，人总有一天会无法工作，会生病，会精力不足。

所以我认为应该尽可能找到不依赖自身劳动力的收入来源。这也是我选择了房屋租赁和太阳能发电投资的原因。

打造不花钱的生活方式

在工作时就缩减固定支出，并且养成习惯。

选择质量好的衣服和鞋子，只要认真打理就能穿很久，智能手机也不需要买性能最好的那一款。

就算住在公寓里，也可以在阳台上用栽培箱做家庭菜园。如果在阳台上放太阳能板发电，那么还可以给手机充电。

其他的像废物利用、DIY（自己动手做）改造家庭用具等，不仅是一种节省开支的好方法，还可以成为你们家庭专属的亲子活动，从小锻炼孩子的动手能力和创造力。另外，在网络平台上多多分享你们的精简生活方式，教别人如何选择高质量的商品，如何充分利用家中的物品，运气好的话还能获得额外的收入。

　　但我并不是让大家过拮据的生活，而是为了能大胆地把钱花在真正重要的，能够促进自我改变、成长的，能够为家庭的繁荣幸福做出贡献的事上，减少固定支出，提高可支配收入。

29 不要为没钱而烦恼

做不到的人——缩小未来的可能性。

能做到的人——舍得为自己投资,获得巨大的回报。

20多岁没有必要摆脱贫穷

虽说人们都希望不为钱所困,但不同年龄段的人理解方式不同。人生剩余的时间和身处的环境不同,理解方式也不同。下面,我将为想要摆脱贫穷的人,介绍不同年龄段摆脱贫穷的对策。

如果20多岁的人觉得自己贫穷,该如何摆脱现状呢?

我的答案是没有必要摆脱。

大部分人20多岁时在公司里还处于学习的状态,收入低是理所当然的。如果想从不高的收入中省下钱存起来,往往只能忙忙碌碌地往返于家和公司之间,含泪过着无聊的节俭生活。如果放弃了只有20多岁时才能获得的各种经验,努力节约存钱,那么只会缩小自己未来的可能性。

但这并不意味着不需要节约支出。

那些嘴上说着没钱的人请试着问问自己,或许你只是被眼前的欲望所摆布,这个也想买、那个也想要而已。比如新手机和新衣服,因为流行、因为帅气、因为可爱、因为便宜,问问自己是不是在自我满足和虚荣心上花了太多钱。

相对而言,在20多岁时与一点一点攒钱相比,更重要的是给未来的自己投资。因为自我投资开始得越早,能够回报的时间越长,能够回收的财产(不仅是钱,还有人脉和智慧等)越多。

我认为投资自己的方法有3种,分别是读书、交际、旅行。所以要看很多书来扩大视野,见很多人来增长见识,去很多没去过的地方旅行来增加见闻。

因为剩余的职业生涯很长,所以可以说二十多岁时的自我投资是一种特权。

在游戏《勇者斗恶龙》中,如果只是把打倒怪兽史莱姆得到的金币存起来,就无法向前进。为了打倒更强的敌人,玩家需要购买武器、召集同伴,用赚来的金币进行再投资,而且需要投入时间。

人生同样如此。

要想建一栋高楼,必须挖出深深的地基,二十多岁正是打地基的时期。所以我认为要想打好自己的地基,用赚来的钱再投资正好。

当然,通过换工作提高收入也是一种选择。

想换工作时,要选择的不是像学生时代那样受欢迎、受关注,或者工资高的公司,而是要关注一家公司能不能给自己成长的机会,要想一想你想成为什么样的人才,为此需要积攒什么样的经验,适合什么样的工作。

收入之类的事情,今后要多少有多少,二十多岁的年轻人还有大把时间,首先应该进入到能锻炼自己的环境。总之,二十多岁没有存款也没关系,所以请大家把所有钱都赌在自己的未来上吧。

30岁后要怀疑"理所当然的开销"

30多岁也许有人要结婚生孩子,是在改变生活和各项活动中都花费较多的时期,所以存款少也是没办法的事。

可是大家有必要怀疑一下自认为理所当然的开销。

比如真的一定要有结婚典礼和蜜月旅行吗?真的要花那么多钱吗?只要领了结婚证就好,和家里人一起举办一场小型婚礼也很温馨,宴席可以等到经济宽裕时再办。或者可以旅行结婚,现在已经不是过去那样出国旅行费用昂贵的时代了。

育儿真的要花那么多钱吗?网站上有很多面向孕妇和婴幼儿的征集活动,参与的话可以得到礼物的。孩子成长得很快,不需要买品牌服装，可以买舒服的、具有性价比的服装。

今后，夫妻都有工作将成为普遍情况，女性生了孩子后也要尽早回归职场。作为双份收入带来的稳定性的交换，丈夫也要帮忙做家务和带孩子。

夫妻两人要共同商量生活和消费的核心问题，相互帮助，共同经营生活，就不难摆脱贫穷。

越是因为没钱而产生不满的家庭，越是不关心另一半的花费，夫妻之间的交流越少。

如果能充分交流，了解彼此的想法，和家人拥有共同的努力方向，那么就算没有钱也可以过上满意的生活。

另外，我观察身边的商务人士后发现，很多人的才能在25～35岁时开花结果。

因此在35岁之前依然要重视在自己身上投资，就算存款少也不需要太在意。

单身的人可以自由支配收入，花钱容易大手大脚，比如沉迷于兴趣爱好、一次性买很多东西，或者花大钱奖励自己，但是请大家注意，这样做并不能缓解压力。

30 不要为年龄成本而焦虑

做不到的人——一边焦虑一边"躺平",恶性循环。

能做到的人——合理规划收支,从容迎接年岁。

40岁后要当心"教育穷"

虽然距离老去还有一段时间，可是如果到了这个年纪依然没有存款，人们或许会产生危机感。

到了这个年纪，除了房贷之外，孩子的教育恐怕也到了花钱最多的时候，存款少从某种上程度来说也是没办法的事。但大家要当心因为勉强自己送孩子去初高中直通的私立学校导致的"教育穷"。

父母原则上要尊重孩子的想法，不要把路全部铺好，这样才能培养孩子的独立思考能力。如果孩子对父母言听计从，只会被父母推着走，很可能成为不会思考、一令一动的人。

如果想送孩子上大学却拿不出钱，那么申请大学和专科学校的助学金，就能在很大程度上减轻负担。

申请助学金也能对孩子产生教育效果，让他们明白借钱就要还。如果上学时什么都不想，懒懒散散地度过，之后还钱会很痛苦。这样一来，孩子或许会更认真地思考未来的方向，改变在学校时的生活方式。

而且孩子渐渐不用父母管了的时候，如果妻子是全职主妇，那么还是应该出去工作。

40多岁还是可以选择加入公司成为员工。成为员工后，原则上可以工作到退休，而且能够购买养老保险，所以年老后能够拿到的退休金金额会增加。如果现在没有钱，那么回归职场可以说是不可或缺的选项。

另外，还可以去职业介绍所咨询，根据自己的职业履历，了解什么样的职位在退休以后依然能够得到雇佣。然后以此为目标设立自我投资计划，从现在开始提高自己的知识、技能和经验。

当然，随着AI和机器人技术的进步，未来的职业需求在变化，但是明明距离退休年龄还有很长时间却什么都不做，未免太过草率。

50岁以后要开始攒养老钱

如果到了50多岁依然贫穷，该如何是好呢？在这段时间，退休近在眼前，恐怕人们会更加担心。

可是到了50多岁，孩子们已经独立，父母不用再支付育儿、教育等与孩子相关的费用，所以从现在开始，就到了攒养老钱的时候了。

有些人已经早早到了需要讨论继承问题的时候。家人之间达成共识后，继承父母的房子也是一个办法。

不仅是自己的父母，配偶的父母也有房子，因此可以在退休后卖掉自己的房子住进父母的房子，或者反过来。父母健在时，也有人认为住在一起方便照顾，自己也更放心。

有人觉得讨论继承问题不吉利，可是继承是逃不开的问题，而且如果父母患上认知障碍，法律程序就会变得麻烦，继承问题可能会引发争执。

我个人不赞成在50岁以后将资产用在股票投资等方面。因为存款本来就少，如果有损失，很可能没时间赚回来。为了不打乱老年生活的节奏，我更倾向于选择不会动摇本钱的做法。

最后是全靠运气，不能期待太高的方法，那就是尽量参加同学会，重温旧交。

在辛苦工作到退休年龄，没有工作的时候，过去的朋友熟人或许会发来邀请："如果有空要不要来我家？"

年老后的工作机会，能派上用场的就是熟人介绍，所以不仅是同学，或许还可以重新与以前的客户、见过的人取得联系。

如果退休前几年依然贫穷呢?

退休前几年收入会减少,而且照顾父母也要花钱,那么在这段时间里,穷人该怎么做呢?

可以先咨询当地人力资源和社会保障局,查询自己能拿到的养老金,根据金额重新安排自己的生活。如果确定仅凭养老金无法维持生活,那么在退休后可以依靠打工来维持生计,这样一来就能稍微改善经济状况。

有房子的人也可以把房子租出去,租金能够贴补生活费。

还可以选择国内移居,比如乡下出身的人从城市回到故乡。尤其是有些为人口减少、人口过疏而苦恼的城市,还会提供一些房租补助。在乡下生活成本很低,凭借养老金和打工收入就能满足最低限度的生活,但无法满足娱乐活动等额外要求。不过对于经历过城市喧嚣的人来说,默默流汗工作、收获农作物也算是一种新鲜的体验。

我已经为大家介绍了各种各样的选择,这些当然不是全部选项,也不一定适合所有人,每个人的情况都不同。重要的是找到引发担忧的原因,制订多个能够消除担忧的方案。这样应该可以帮助大家缓解对养老生活的担忧。

第7章

挫折

31 不要把梦想和目标当成执念

做不到的人——因为执念而无法自由行动。

能做到的人——没有执念,能自由舒心地生活。

梦想和目标有时也会带来糟糕的烦恼方式

有的烦恼源自上进心，有的烦恼源自执念。

尤其是固执，容易和"必须做""应该做"联系在一起，从而带来糟糕的烦恼方式。

对个人观念和自我信念的执着，有时能够鼓舞自己，有时却会束缚自己。比如"不能偷懒""不能放弃""不能憎恨别人""人生就是痛苦的""社会才没有那么天真""不能满足于现状"等。

对梦想和目标的执着具有两面性。想通过司法考试是一种执着，不去好大学就没有意义、必须当上医生继承父母的衣钵同样是一种执着。

干劲足、有上进心之类能催人努力的执着是好事，可是会带来烦恼和束缚的执念最好舍弃。

没有执念，就能平静地接受现状，明白结果没办法改变，明白这样也挺好。这不是自暴自弃之类的轻易放弃的意思，而是某种宽容。

比如执着于一定要上好大学的人，一旦没考上好大学就会失落。可是如果能够接受自己考上的学校，就不会气馁或自卑，可以享受愉快的校园生活。

执着于在优秀企业工作的话，就会因为没拿到offer（录取通知书）而焦虑不安，动摇自己的自信。如果能够接受先在需要自己的公司起步，就能扩大求职选项，只要拿到offer就会开心。

执着于在年薪达到300万日元的时候才结婚的话，弄不好会单身一辈子，如果能接受夫妻两人一起工作赚钱，就能以积极的态度面对婚姻。

就像我之前说的那样，如果有"公众人物就应该清廉纯洁"的执念，就会在看到他们出现负面新闻等流言蜚语时生气。不过如果明白公众人物的能力与私生活无关，就能在看到负面新闻时保持宽容，不会生气。如果你的判断标准是"公众人物的负面新闻与人民的幸福无关，公众人物要看的是能力"，就可以用公众人物说出的诺言和实现程度来对他们进行判断了。

为人际关系而烦恼同样是出于对"必须做个好人""不能被讨厌""必须保持和睦"的人际关系的执念。

所以先抛弃自己的执念，简单来说就是抛弃对梦想、目标、理想的执念，同样是从烦恼中获得解放的方法。

没有梦想和目标的人更加自由快乐

现在的我既没有梦想也没有目标,没有对于男人(作为丈夫、父亲)应有姿态的固定观念,我会认真完成接到的工作,其他时间则会做让自己感到开心、舒适的事情。

不被梦想和目标束缚,反而能够得到自由。因为可以做任何事情,也可以什么都不做。

当然,我不否定拥有梦想和目标本身的价值。有人会因此而成功,有人会因此而获得幸福。

有目标的好处在于能够明确自己该做什么,该完成什么,以及努力的方向。

运动时以打破个人纪录和超过对手为目标,考试时以心仪的学校为目标,工作时以业绩为目标等,有了目标道路会更清晰,还能提高积极性。只要达成目标就能获得成就感和满足感,能够增加自信,相信自己只要努力就能做到。

参加奥运会的运动员从小就以在世界级大赛上得奖为目标,用人生的一大半时间来练习。

所以有梦想和目标的人,只要朝着它们努力就好。

但是,没有宏大的梦想和目标也能活下去,也足以获得幸福。而且正因为什么都没有，反而每天都能感到自由和轻松。

这是因为没有梦想和目标的人不会感到背负着义务，不觉得为了实现梦想和目标必须做些什么，所以能够忠实于本能和欲望，做让自己开心的事，做自己想做的事。

当然，自由职业者的身份让我能够选择这样的生存方式。不过调查结果也显示，在打工人中，没有明晃晃的野心、每天平淡工作的人在同一个职场中能够工作得更久。

这是我的推测，或许没有梦想和目标的员工，不会因为无法达成目标、无法完成工作而感到气馁，又或许是因为他们不会嫉妒同事的晋升，能够保持自己的节奏。

没有梦想和目标这件事情说不上好坏，不过能够接受现状，接受社会上存在各种各样的生活方式的人，心情会更加轻松。

重视直觉，顺其自然

或许有人担心没有梦想和目标的话就只能简单地顺其自然了。

我以前也有过同样的想法，但是到了45岁以后，我发现顺其自然也有好处，能意外地到达名为"愉快"的小岛。

一方面，以"愉快的小岛"为目标拼命划船当然好，不过顺着潮水和风的方向享受坐船的旅程，最终到达陌生的小岛，会得到超出想象的舒适感。

举例来说，如果从小立下当医生的目标，大学就必须考医学相关的院校。上大学之后要以通过国家医师考试为目标，在实习医院中积累实践经验。

当上医生后，不仅要做临床，还要阅读全世界的医学论文，研究最新医疗进展。虽然中途可以选择继续在医院上班或者自己开诊所，不过作为医生需要付出的努力在某种程度上是明确的，而且需要努力一辈子。

也就是说，有目标的人始终明白自己要去的小岛在哪里，并且能够看到它。因为有人已经到达那里，所以他们也有榜样。

这虽然是一种生活方式，但同样是能够一眼望到头，在能够想象的范围内、没有冒险的人生。

另一方面，即使没有确定的目标和方向，也可能偶然遇见未知的自己。

不好意思，又要提到我的例子了，我小时候以公认会计士为目标，和我现在做的投资家、创业家和作家是完全不同的工作。

开始投资房地产业是受到了曾经读过的书的影响。

创业的契机是在投资房地产时认识的人邀请我一起干。自己开房地产中介公司，同样是受到了某位大富豪的邀请。

我写书是因为有出版社的编辑看到了我用笔名写的邮件杂志，问我要不要出书。

现在开的这家培养创业者的学校，契机是受到了妻子和她朋友的邀请。

中间，我也有过成为公认会计士、去外资咨询公司、创业、创造非劳动收入之类的目标，不过我感觉自己走到现在，是因为与人邂逅、受到邀请等没有刻意为之的一连串偶然。

十几岁、二十几岁、三十几岁的我，完全想象不到自己现在的生活。

不过我在做选择时并非什么都没想，而是凭借直觉选择了"似乎挺有趣"的选项。

因为没有人能看到未来，所以根据有没有好处、是有利还是不利、是正确还是错误等标准做选择可能会感到迷茫。比如去哪家公司更好，如果能实习还好，否则不去尝试就不会知道答案。

可是如果以自己喜不喜欢、有没有被打动、有没有兴趣、是不是期待等直觉为标准来选择，就可能做出能够让未来的自己接受并且满意的判断。

当然也有可能失败，不过产生兴趣时只需要把选择当作单纯的试错过程，这样既不会受伤也不会受挫。

我认为人生没有正确和错误，只有愉快的生活方式和不愉快的生活方式。所以要想愉快地生活，只需要凭借自己的直觉，做出让自己开心的选择就好。

我在即将40岁时明白了这一点，刚好应了"四十不惑"这句话。

生存的意义不是别人给的，而是自己找到的

有些人会有这样的烦恼：反正自己活着也没有意义，人生没有意义，自己没有活着的价值，自己的命运就是做什么都不会顺利。

可是请大家想一想：

如果你知道自己是为什么而活，有什么东西会改变吗？

如果知道了人生的意义，有什么东西会改变吗？

即使知道答案也只会让你感到心情舒畅而已。说实话，这种烦恼不过是由于不知道自己想做什么而产生的不安和不知如何自处的苦闷，是由于状态不佳而产生焦躁的另一种表现。

我认为人生本来就不是由意义和价值决定的，人生的意义并非生下来就会自动确定，不过是自己如何看待的问题。

自己出生的意义和人生的意义不是别人给的，而是自己找到的。但不是什么都不做就能找到的，答案也不会因为你在烦恼就自动出现。

只有行动、努力后得到结果，事后回过头来看，才会感到"原来有这样的意义"。那不是别人给的，而是自己给自己的解释，而且意义会随着经验和年龄发生改变。

在自己还没有采取太多行动的阶段，人生是没有意义的，也不需要被赋予意义。思考意义本身是没有意义的，更重要的是自己找到能够全身心投入其中的事物。

因为一旦有了能够让你投身其中的事物，就没有时间郁闷和烦恼了。

走上寻找自我之旅的人带着同样的想法，自己是谁，是在为了实现自我而努力的过程中看到的自身能力和资质。尽管如此，在经验尚浅的阶段寻找自我，是找不到任何东西的。

经历过各种事情后，带着"这个好""我不喜欢那个""好开心""好感动"之类的情绪，你就能主动发现自己拥有什么样的志向和信念。

也就是说自我是在成长过程中通过自身经历塑造出来的，是用自己的方式理解得到的结果。

32 不要为无法放弃而烦恼

做不到的人——找不到发挥自身优势的方法。

能做到的人——能采用适合自己的工作方式和生存方式。

就算放弃，人生也不会就此结束

想要放弃的时候，遇到挫折的时候，你会怎么做？

可以奋起努力，也可以彻底放弃。

很多人烦恼的原因在于他们拥有"不放弃是好的，放弃是不好的""脆弱的人才会放弃"的价值观，认为不能放弃，比赛会在放弃时结束，只有坚持才是强大的象征。

也许坚持下去不放弃确实是一件值得尊重的事，但并不是任何人都能做到的。正因为如此，讲述主人公不放弃、努力取得胜利和成功故事的电影、漫画和电视剧才会在任何一个时代都受到欢迎，因为这样的故事振奋人心。我们将自己做不到的事情寄托在主人公身上，并且为他们感动。

而且放弃确实会让人不甘心。不仅是出于对放弃的罪恶感，还因为要承认自己的无能和意志薄弱，明白自己失败了。

可是放弃真的那么糟糕吗？这或许是一个错误的刻板印象。

因为我们正是在不断放弃错误道路的过程中，找到适合自身的职业和生活方式的。

例如，在运动方面没有天赋的孩子，如果想当职业棒球运动员或者足球运动员，就算努力练习，也可能会因为没能成为正式选手,或者在比赛第一回合预选赛就输掉,从而隐隐发现自己没有天赋,然后放弃这条道路,寻找其他道路。

而在运动方面有天赋的学生,在中学就可以进入全国强校训练,也能以运动特长生的身份进入大学。

可是当运动特长生看到身边其他拥有更卓越天赋的同学,并在毕业时发现自己的极限后,就会开始找工作。

大部分没能成为职业运动员的人都是在中途发现自己没有天赋,或者因为天赋不够而去了解运动之外的职业,于是开始追求其他生存方式。

积极地放弃更能获得幸福

当然,有很多坚持不放弃的人最终获得了巨大的成功,但也有人因为放弃后选择了另一条道路而获得成功。比如从娱乐圈隐退后创业成功,或者换了工作后绽放光彩,这样的故事比比皆是。

没有哪一种生存方式更好,哪一种更正确,事实上,哪种选择都是高贵的,都是值得尊敬的生存方式。如果将不放弃当成绝对的好事，就有可能酿成新的悲剧。

例如，如果一次又一次挑战困难的司法考试和公认会计士考试，就算没有通过也不放弃，坚持了很多年，会怎么样呢？

回过头来看，你已经年过四十，因为没有工作，所以没有任何职业经验和技能。没有从业经验的人市场价值几乎为零，你今后要如何升职呢？

世界上有很多种职业，如果能更早地去探索其他道路，说不定就能找到不同的生存方式……

这样一想，或许放弃会更幸福。放弃是人类具备的合理机制，目的是不拘泥于不适合自己的事情，不在无法发挥自己才能的事情上浪费人生。

正因为放弃，才能发现自己的才能

回过头看，我自己也是在一次次放弃中探索自己的才能的。

初中时，我是排球社的队长和王牌攻击手，想进县内首屈一指的排球强校。

可是我的球队永远会在预选赛落败，我所谓的排球打得

第7章 挫折

好，也只是和社员对比的结果。到了排球强校，我甚至当不上首发队员，而且上下学单程就要超过1个小时，实在划不来。

再加上我觉得不当排球社队长后会更轻松，于是早早放弃了排球，成为一所新建学校的第一批学生。所以我的高中生活非常愉快，现在还会偶尔约当时的同学们一起喝喝酒。

我已经说过上大学时放弃公认会计士的事情了。虽然我当时考了美国注册会计师，但我从来没有做过会计师，就连合格证都已经丢失，因为我觉得受资格证束缚的工作不适合自己。

我也放弃了英语。上学时我喜欢学英语，可是走上社会后，学英语却变得痛苦。因为能用到英语的工作本来就少，而且学习的时间没有收入，所以我提不起干劲。

于是我决定不再学英语，只用日语就足够了，需要的时候找个翻译就好，于是将多年来积了一层灰的教材和书全都扔掉了。结果我多年来在英语方面的自卑感也消失了。

创业后我开了一家房地产公司，当时为了实现上市的目标而奔忙，疲于做人员管理，最后灰心丧气，现在一个人单干。

因为有了那次经验，我明白自己不适合管理别人，写书才是能够发挥我自身能力的工作。

我正是因为放弃了各种各样的错误道路，才找到了适合自己、让自己能够接受的生存方式。

设定放弃时的判断标准

根据我自己的经验,我明白了一件事,那就是当我们站在不知道是否要放弃的分岔路口时,有了判断标准就不会拖延和迷茫。

我的判断标准有三个:是不是开心,是不是能带来自由的生活方式,是不是能赚钱。只要一件事不符合这三条标准,我就会认为可以放弃。

第一条"是不是开心"相当重要,如果做一件事情本身让我感到痛苦,只是想想就郁闷的话,它就只是一项苦行。

当然,这些修行在30岁前人生还很长的时候或许是必要的,但是等到人们像我这样人生走到一半,就会认为不开心就没有意义。

第二条"是不是能带来自由的生活方式"是我个人的标准,因为我现在认为自由优先于一切。无论机会有多好,只要会牺牲自由,我都不会选择。我不扩大公司规模,不过度增加业务范围，同样是为了自由。

最后一条"是不是能赚钱"同样是产生积极性的根源，不过就算能赚钱，我也不希望自己不开心或者时间上不自由，所以现在它的顺序排在第三位。

33 不要因为无法重新振作而烦恼

做不到的人——不知如何是好。

能做到的人——能够内省,渐渐找回自己。

人生不是由一次绝望或失败决定的

绝望相当于视野变窄。一旦视野变窄,就会看不到选项,不知如何是好,因此会陷入更深的绝望。

可是人并没有那么简单,人生不会被一次失败或绝望所决定。

在七八岁时人气达到顶峰的童星长大后或许会没落,无家可归的流浪汉或许能创办上市公司。

有人职业履历光鲜,却在退休后因为车祸去世。而诺贝尔奖得主的平均获奖年龄是60~80岁,可见他们是人到晚年才终于得到认可。

对绝大多数的人来说,人生有高潮也有低谷,只有在死亡来临、闭上眼睛的瞬间,人们才会知道发生在自己身上的事情有什么意义,自己的哪些判断是正确的。

也就是说,只有在临死前才能判断一个人究竟是幸福的,还是不幸的。

可是人在处境悲惨时,会看不到人生有起有落的事实。所以一旦你感到绝望,无法重新振作时,可以暂时躲在家里,过一段什么都不做的时光。一居室的公寓也好,回到老家也好,搬到乡下也好，一旦失败、受到打击或者伤害，就可以躲在家里恢复能量。

和社交软件保持距离，不要看电视。重置人际关系，彻底切断与过去的联系。

不仅是身体上的伤，心理受到的伤害同样需要时间才能治愈。要想从狭窄的视野中解放出来，可以暂时与外界隔离，给自己留出能悠然度过的空闲时间。

还可以去公园里散步，在森林、河边走一走，没有任何约定和计划，时间只是一分一秒地流逝。在这段时间里，你能够一边回顾过去一边内省，逐渐找回自己。

只要肯花时间，任何人都能重新振作起来。人生有几十年之久，可以给自己留出三五年的疗养时间。

如何走出失恋的痛苦

钱没有了，只要工作就还能再挣。实在还不上贷款时，可以申请破产解放自己。在公司里无论犯了什么样的错误，都可以靠写检讨书和降薪解决。就算被开除，只要再找工作就好。

考试失败可以再战，被别人背叛可以打官司。

就算在各种各样的逆境和挫折中受伤，也可以用上文提到的闭门不出来解决，但无论如何都难以解决的，是失恋的痛苦。

人很难控制失恋时的情绪，没办法轻易走出来，甚至有人受到很深的伤害，因为失恋的压力需要住院。

"我从来没有那么喜欢过一个人""我只想和那个人结婚"，和这样的恋人分手会格外痛苦。

我年轻时也曾在被甩后自暴自弃地喝酒，没有食欲，没有力气工作，过了一段心灰意冷、茫然若失的生活。

"我明明那么喜欢她，不可能喜欢上其他人了，今后该怎么办才好呢？""不可能再出现比她更好的异性，我恐怕已经没有未来了"。那份绝望和悲伤让我什么事都做不了……

我根据自己的经验，为大家介绍几个走出失恋的方法。

第一种方法，让对方完全从视野中消失。接触只会带来悲伤，所以要抹掉所有痕迹。

彻底删除联络方式，注销社交软件账号申请新账号，如果对方是同事就换工作。

如果继续住在同样的地方，普通的景色也会让你想到两人一同度过的日子，所以要搬到陌生的地方居住。

这就是消除所有痕迹，避免唤起与对方相关回忆的方法。

第二种方法，通过大量回忆彻底感受悲伤、尽情悲伤，同样有助于尽快治疗心伤。因为悲伤是能够习惯的，回忆也会让人感到腻味。

有的人可以通过专心工作忘记悲伤，但如果你无法继续工作，那么我建议你先休假，一个月的工资不要也罢。

然后把自己关在房间里，回忆两人之间的快乐，尽情哭泣。不要用喝酒和购物麻痹自己，而是看同样描写分手的电影，放大悲伤的情绪，流更多的眼泪吧！

还可以尽情倾诉失恋的情绪。可以找朋友听你倾诉，不过朋友可能没有那么多时间，有些事也难以启齿，或许有些感情没办法简单用语言形容。

所以我推荐大家创建一个"匿名日志"倾诉悲伤。反省、后悔，或走进下一段恋情的决心，你可以在里面倾诉所有涌上心头的情绪。在痛苦中将无法用语言形容的感情诉诸文字，可以起到调节情绪的作用。

还可以给分手的伴侣写"无法寄出的信"。反正不会寄给对方，所以道歉、感谢、希望复合等所有情绪都可以写出来，不需要欺骗自己。

这样一来就不用把想法埋在心里，可以全部倾诉出来。

第三种方法，当然是寻找下一段邂逅。不管是用交友软件还是家人、朋友介绍，总之要向前踏出一步，迎接新恋情。

无论受伤多深，在与其他异性交流、发信息、约会的过程中，都能有效忘记悲伤。

无论受到了多大的打击，伤口总有一天会愈合，时间是治愈一切的良药。要相信时间，不要自暴自弃。因为如果放弃思考、逃避现实，你只会感到后悔。

随着时间的流逝，过去的记忆会渐渐模糊，悲伤的情绪也会逐渐缓和。人类的记忆和情感很神奇，无论是多么痛苦悲伤的分手，都只会变成回忆。

34 情绪波动不要太剧烈

做不到的人——会在失意中结束人生。

能做到的人——能在人生的后半段迎来高峰,实现理想的生活方式。

用"峰终定律"思考人生

大家知道"峰终定律"吗？

这是2002年诺贝尔经济学奖获得者、心理学家、行为经济学家丹尼尔·卡尼曼提出的理论，表示高峰和结束时的经验会在很大程度上影响我们对事物的印象。

也就是说，我们并不会平等地评价所有经历过和发生过的事，而是会在评价一件事是幸还是不幸时做出失之偏颇的评价。

人事评价中同样经常出现这样的情况，就算你在前半年做出成绩，如果后半年有失误，领导就会受到近期发生的事情的影响，降低对你的评价，这种事情并不少见。

以我为例，我在初中时担任排球社的队长，也在校内马拉松大赛中获过奖，每年都被选为全国初中生体育大赛的出场运动员，在运动方面很有天赋。

在初中最后一年的春天，我考上了第一志愿的高中。

初中时，在运动场上大放异彩是我的高峰，考上第一志愿的高中是我的"终点"，所以我对初中时代的印象还不错。

就像前文中提到的那样，我的高中生活很愉快，然后我考

第7章 挫折

上了东京的大学,尽管不是第一志愿,最终也实现了心心念念的"进京"愿望,所以我对高中时代的评价也不错。

说到大学时代,无聊的课程让我感到失望,贫穷的打工生活、没有考上公认会计士,这些糟糕的经历是我失败的高峰,而且大学毕业时没有找到工作,所以我对大学时代的评价并不好。

当然,每一段时光中都有正面或负面的经历,不过对整体的评价会受到高峰和终点的影响。因为俗话说"结果好一切都好"嘛(虽说如此,不过我对大学时代的经历也有积极的评价,因为有了那段时间才有现在的我)。

如果把这个道理应用在人生上,那么在人生的后半段迎来工作或者兴趣爱好上的高峰,就很可能得到幸福感和满足感,让我们觉得人生还不错。

相反,就算在年纪轻轻的时候达成了不起的成就,如果晚节不保,人生依然会以失意告终。

也就是说,就算中间会发生各种各样的事情,只要在人生后半程攀上积极意义上的高峰,并保持势头,迎来好的终点,那么人们对原本认为不幸的过去也会有所改观。

所以我认为我的人生,从后半段,也就是40岁或者45岁开始上扬，在60~70岁迎来高峰的生活，是一种理想的生活方式。

如果高峰来得太早，人生很可能会越走越窄，如果来得太迟，又会因为年纪大导致能够开拓的时间变短。

当然，每个人的想法不同，依靠过去的遗产生活也是一种方法。公司管理者如果能在被称为"老害[1]"前急流勇退，能够在得到"力挽狂澜的优秀管理者"的评价时功成身退，就能在赞赏中迎来人生的最后阶段。

在公司员工中，确实有不少人在40~60岁迎来人生的高峰，不过很多人在高峰后会迅速下滑，退休时不一定能得到积极的结果。

所以我们需要在工作时就发展兴趣爱好，让下滑曲线更加平缓。

这样想来，在45岁前的经历即使迂回曲折也没关系，有低迷的时期也不要紧。可以带着迷茫挑战各种各样的工作，见形形色色的人，积累各式各样的经验。在此过程中提高智慧和技能，扩展人脉。这段经历会成为你在人生后半段大放异彩的基石。

1 老害：在日本指代那些为老不尊、倚老卖老、给他人带来麻烦的老人。

我们应该有大局观，思考自己想怎样生活，对自己的人生有规划，然后为了实现自己的目标，专注于现在该做的事情。

这样一想，你是不是发现过去和现在的烦恼不过是微不足道的小事呢？是不是发现根本不需要在那些小事上纠结呢？

结语 Epilogue

成长是指内心变得强大

本书的内容可以总结如下：

- 将烦恼可视化，变成具体问题来处理
- 发现没有根据的固定观念，抛弃"应该"
- 不要依靠他人，要增强责任意识
- 对自己的感受更加敏感，听从内心的声音
- 将所有负面事物当成对自己的教训，重新赋予意义

这些内容大多是想法层面的问题，所以我认为人类的成长就是指内心变得强大。

以体育比赛为例，有的人会被压力击垮，无法有好成绩，可见无论多么有才华，如果内心脆弱，就无法发挥实力。

可是有的人在正式比赛中发挥更好，可见只要内心强大，在面对困难时反而能发挥出惊人的力量。

如果内心变得强大，那么无论失败多少次都能重来，也不

会过于在意他人的目光，能从容地扩大视野。

幸福的人生是指充满舒适、安心、愉快、喜悦等美好经历的人生，内心的成长意味着获得能够得到这些经历和感受的力量。

另外，还需要获得能够控制不好的经历带来负面情绪的力量。如果本书能够帮助大家控制负面情绪中的烦恼，将是我的荣幸。

最后，我要为大家介绍我最喜欢的美国印第安人的一句话：

"出生时，你在哭，身边人在笑。所以当你死去时，身边人在哭，你在笑。请度过这样的人生吧！"